河南宝天曼
观花手册

陈良甫　刘晓静　吴燕丽　主　编

河南科学技术出版社
· 郑州 ·

图书在版编目（CIP）数据

河南宝天曼观花手册/陈良甫，刘晓静，吴燕丽主编.—郑州：
河南科学技术出版社，2023.9
ISBN 978-7-5725-1351-0

Ⅰ.①河… Ⅱ.①陈… ②刘… ③吴… Ⅲ.①野生植物—花卉—
河南—手册 Ⅳ.①Q949.4-62

中国国家版本馆CIP数据核字（2023）第221364号

出版发行：河南科学技术出版社
　　　　　地址：郑州市郑东新区祥盛街27号　　　邮编：450016
　　　　　电话：（0371）65787028　　　65788613
　　　　　网址：www.hnstp.cn
策划编辑：杨秀芳　陈　艳
责任编辑：陈　艳
责任校对：崔春娟
整体设计：张德琛
责任印制：徐海东
印　　刷：郑州市毛庄印刷有限公司
经　　销：全国新华书店
开　　本：787 mm×1 092 mm　　1/32　　印张：8.75　　字数：220千字
版　　次：2023年9月第1版　　2023年9月第1次印刷
定　　价：108.00元

如发现印、装质量问题，影响阅读，请与出版社联系并调换。

《河南宝天曼观花手册》编辑委员会

编撰工作领导小组

顾　问　刘世荣　刘宗才
组　长　王宜蛇
成　员　樊国华　李英杰　刘　振　姚　松
　　　　付鸿羽　郝金欧

撰稿组

主　编　陈良甫　刘晓静　吴燕丽
副主编　闫满玉　王振刚　徐东亚

编　委　（按姓氏拼音排序）
　　　　陈　强　陈志成　樊小康　江　鹏
　　　　李　舒　刘松松　田　野　王　晓
　　　　谢婉慧　闫　博　杨　莹　于　博
　　　　余征遥

序

　　花是被子植物的有性繁殖器官。对于植物来说，花的绽放、授粉实质上是繁衍后代的过程，承担着植物传粉结实的重担，吸引着无数人驻足观赏，也给我们带来了无与伦比的体验。赏花更是中华传统文化一个非常重要的组成部分，深深地融入了我们的"基因"。丰收的时候人们在稻花香里说丰年，高兴的时候赞道兰有秀兮菊有芳、一日看尽长安花，感慨的时候不禁悲叹，春花秋月何时了？梅兰竹菊也成为良好品格的象征，沐浴着人们的赞誉。我们真正仔细地查看一朵花时，一个美丽而精妙的新世界才呈现出来，天地有大美而不言，俯身观察一朵花，也许是领悟感受美的开始。

　　第一次听到宝天曼，以为是在西藏、云南少数民族地区，这个颇有民族特色的地名一直萦绕心中。有缘于2001年6月和2021年9月两次深入宝天曼考察，区内三人合抱的锐齿槲栎、山顶的矮曲林都给我留下了深刻的印象，但印象最深的还是盛花期怒放的射干、乌头、沙参、珍珠梅……也沉浸式感受了宝天曼的丰富内涵：宝即物华天宝、药用植物宝库，医圣张仲景、药王孙思邈都曾在此采集中药资源；天，接近天际，宝天曼群山连绵，最高海拔达1 860m；"曼"，地质上指高而平的山，因为宝天曼地处中低高山向平原过渡区，山势缓长，较为平坦。更通俗地理解，那就是宝天曼、漫天宝，地上地下都是宝。

　　宝天曼是河南省第一个自然保护区、首批国家级自然保护区、中原地区唯一的世界生物圈保护区，而且获得了世界地质公园、全国示范自然保护区等殊荣。不到100km²的宝天曼，却分布着近3 000种维管植物，是东北水曲柳、红桦这些温带植物分布的最南界，是紫茎、天目木姜子等热带植物分布的最北界，南北过渡、东西兼容，极高的植物多样性应该是宝天曼最大的特色，"绿色明珠""中原物种宝库""河南省生物多样性中心"，怎么形容都不为过。20世纪五六十年代，刘继孟、时华民就前往宝天曼开展植物专项调查；70~80年代，河南省植物学家王遂义、丁宝章皆对宝天曼开展植物普查，洪德元院士在宝天曼开展紫斑牡丹研究，吴中伦院士开展秦岭冷杉、大果青杆研究；90年代伊始，建立定位研究站，开启长期定位观测，积累了大量珍贵数据。基于这些调查和研究成果先后出版了《中国暖温带森林生物多样性研究》《河南宝天曼国家级自然保护区科学考察集》《宝天曼自然保护区珍稀植物图鉴》等专著，为科研人员了解宝天曼打开了一扇窗，也大大提升了宝天曼的影响力和知名度。

　　《河南宝天曼观花手册》的出版是基于实地调查和前期积累的基础之上，采用图文并茂的方式，对区内260余种有花植物进行了特征、习性、分布的介绍，方便人们更直观地认识宝天曼的植物特性和多样性，在植物分类学、保护生物学研究和研学实践、自然教育等方面具有重要价值。期望本书的出版能够吸引更多植物学、林学、生态学和博物学等方面的科研人员及植物爱好者认识和研究宝天曼。

中国科学院院士

许智宏

2023.8.

前言

花是由叶子特化而来的，是被子植物繁殖后代的重要器官。胚珠包藏在子房内，得到良好的保护，子房在受精后形成的果实既保护种子又以各种方式帮助种子散布，让其能够有更广阔的演化关系，且延展了其生态上的利基，助推被子植物称霸陆地生态系统。同时花也是被子植物和其他种子植物间最显著的不同。

花是自然生态系统的重要组成部分，金银忍冬、毛华菊、望春玉兰的花可以入药；毛梾、绣线菊、华北珍珠梅等蜜源植物为动物提供了食物，同时为甲虫、蝇蚊、蝶类提供栖息地，是大自然丰富基因库举足轻重的一分子，也是植物识别的重要形态特征。

观花植物泛指花色艳丽、花朵硕大、花形奇异的植物。宝天曼国家级自然保护区地处北亚热带向暖温带过渡区域，区内森林覆盖率高、温暖阴凉、海拔梯度大，使其成为蕴藏丰富野生观花植物资源的宝库。多年来，保护区管理局联合多家科研院所，对区内植物资源开展了持续调查和研究，特别是在"河南内乡宝天曼国家级自然保护区保护和监测工程建设项目"的资助下，基于样线法，采用数字化、地标化野外调查技术对保护区植物资源进行了定位调查。《河南宝天曼观花手册》是作者在掌握大量第一手资料的基础上编撰而成的。共收录39科110属260种，涵盖藤本、草本、灌木和乔木四大类，每种植物附3~6张图片，直观、真实地反映植株、花朵特征，文字描述简明扼要，重点介绍其花色、花形等，并配以二维码扫描，便于读者阅读和识别。

宝天曼观花植物花色品系有白色、红色、黄色、蓝色、绿色和紫色6种花系，白色花系最多，紫色花系次之。本区植物的盛花期为3~11月，以5~6月开花种类最多，也不乏冬季开花的胡颓子等。

植物中文名、拉丁学名及科属信息均参考《中国植物志》，形态描述特征主要参考《河南植物志》，有增减。为方便查阅，本书按照花色拼音首字母为序编排。需要特别说明的是，自然界中植物花色姹紫嫣红，我们将花瓣最主要的颜色分为白、红、黄、蓝、绿、紫共6种颜色，请使用时在相近的颜色中查阅。

因编者水平有限，书中如有错漏之处，敬请广大读者批评指正。

编　者
2023年5月

目 录

野茉莉

野茉莉	**科 属:** 安息香科 安息香属
Styrax japonicus	**别 名:** 茉莉苞

生 境: 生于山坡或山谷杂木林中。

分 布: 各林区。

扫码了解更多

花期	1	2	3	4	5	6	7	8	9	10	11	12
果期	1	2	3	4	5	6	7	8	9	10	11	12

　　落叶小乔木; 树皮灰褐色, 光滑; 幼枝被淡黄色星状毛。单叶互生, 椭圆形, 基部楔形, 边缘具疏锯齿, 两面无毛。总状花序, 有花 2~4 朵, 有时下部的花生于叶腋; 花白色, 花梗纤细, 下垂。果实卵形, 顶端具短尖头, 外面密被灰色星状茸毛。

老鸦铃	科　属：安息香科　安息香属
Styrax hemsleyanus	别　名：

生　境：生于海拔 600m 以上的向阳山坡、疏林、林缘或灌丛中。

分　布：红寺河、猴沟、许窑沟、宝天曼等林区。

扫码了解更多

花期	1	2	3	4	5	6	7	8	9	10	11	12
果期	1	2	3	4	5	6	7	8	9	10	11	12

　　落叶乔木；树皮黑色，小枝扁圆形。叶二型，小枝下部 2 枚叶较小而近对生，上部叶互生，椭圆形，上部边缘具细锯齿，背面疏生褐色短柔毛。总状花序顶生或腋生，花白色，芳香，花冠裂片两面具淡黄色细毛。果实球形，密被灰黄色星状毛。

瓜木	科　属：山茱萸科　八角枫属
Alangium platanifolium	别　名：
生　境：生于海拔 500~1 400m 的向阳山坡或疏林中。	
分　布：各林区。	

扫码了解更多

花期	1	2	3	4	5	6	7	8	9	10	11	12
果期	1	2	3	4	5	6	7	8	9	10	11	12

　　落叶灌木或小乔木；树皮平滑，灰色。单叶互生，纸质，近圆形，顶端钝尖，基部近心形，3~5 裂，幼时两面有柔毛，后仅叶脉及脉腋有柔毛。聚伞花序腋生，花萼钟形，花瓣 6~7 枚，线形，白色。核果长卵形，种子 1 粒。

白色花

野百合	科 属：百合科 百合属
Lilium brownii	别 名：

扫码了解更多

生 境：生于山坡、灌丛林下、路旁、溪边或石缝中。

分 布：银虎沟、红寺河、南阴坡、万沟、宝天曼、 平坊等林区。

花期	1	2	3	4	5	6	7	8	9	10	11	12
果期	1	2	3	4	5	6	7	8	9	10	11	12

　　多年生草本；鳞茎球形，鳞片披针形。叶散生，常自上而下渐小，披针形，先端渐尖，基部渐狭，具5~7条脉，全缘，两面无毛。花单生或几朵排成近伞形，花梗稍弯，苞片披针形；花喇叭形，白色，有香气，外面稍带紫色，无斑点，向外张开或先端外弯而不卷。蒴果矩圆形，有棱，具多数种子。

科　属：	百合科　大百合属

大百合

Cardiocrinum giganteum

别　名：

扫码了解更多

生　境：生于海拔 1 000m 以上的林下阴湿处。

分　布：野獐、猴沟、蚂蚁沟、七里沟、宝天曼、平坊等林区。

花期	1	2	3	4	5	6	7	8	9	10	11	12
果期	1	2	3	4	5	6	7	8	9	10	11	12

　　多年生草本；小鳞茎卵形；茎直立，中空。叶纸质，卵状心形，下部叶大，向上叶渐小，靠近花序的几枚为船形。总状花序，有花 10~16 朵，无苞片；花喇叭状，白色，里面有淡紫色条纹。蒴果近球形，具短柄，红褐色；种子扁三角形，红棕色，周围具膜质翅。

荞麦叶大百合	科　属：百合科　大百合属
Cardiocrinum cathayanum	别　名：

生　境：生于海拔 1 200m 以下的山坡林下阴湿处。

分　布：圣垛山、许窑沟、白草尖、万沟、京子垛、阎王鼻等林区。

扫码了解更多

花期	1	2	3	4	5	6	7	8	9	10	11	12
果期	1	2	3	4	5	6	7	8	9	10	11	12

　　多年生草本；除基生叶外，离茎基部 25cm 处开始有茎生叶，最下面几枚常聚生在一起，其余散生；叶纸质、卵状心形，先端急尖，表面深绿色；叶柄较长，基部扩大。总状花序，有花 3~5 朵，花梗短而硬，向上斜展；花狭喇叭状，白色，内具紫色条纹。蒴果近球形，红棕色；种子有膜质翅。

黄精	科　属：天门冬科　黄精属
Polygonatum sibiricum	别　名：
生　境：生于海拔 500m 以上的林下、灌丛或山坡处。	
分　布：各林区。	

扫码了解更多

花期	1	2	3	4	5	6	7	8	9	10	11	12
果期	1	2	3	4	5	6	7	8	9	10	11	12

　　多年生草本；根状茎节部膨大，两头不等大。叶轮生，每轮 4～6 枚，线状披针形，先端弯曲成钩。花序常有花 2～4 朵，似成伞形；苞片位于花梗基部，膜质；花被乳白色，花被筒中部稍收缩。浆果球形，黑色，具种子 4～7 粒。

白色花

鹿药	科　属：天门冬科　舞鹤草属
Maianthemum japonicum	别　名：

生　境：生于海拔 800m 以上的林下阴湿处。

分　布：京子垛、宝天曼、平坊、红寺河、蚂蚁沟、许窑沟、七里沟等林区。

扫码了解更多

花期	1	2	3	4	5	6	7	8	9	10	11	12
果期	1	2	3	4	5	6	7	8	9	10	11	12

　　多年生草本；根状茎圆柱状，具膨大节。叶互生，纸质，卵状椭圆形，具短柄。圆锥花序，具花 10~20 朵；花单生，白色，花被片分离；雄蕊基部贴生于花被片上，柱头不开裂。浆果近球形，熟时红色，具种子 1~2 粒。

点地梅	科　属：报春花科　点地梅属
Androsace umbellata	别　名：
生　境：生于山坡草地、路旁。	
分　布：各林区。	

扫码了解更多

花期	1	2	3	4	5	6	7	8	9	10	11	12
果期	1	2	3	4	5	6	7	8	9	10	11	12

　　一或二年生草本；全株被节状细弱毛。叶基生，近圆形，边缘具三角状裂齿。花葶直立，多数；伞形花序顶生，具花 4 ~15 朵；苞片卵形，花萼 5 深裂，裂片卵形；花冠白色，漏斗状，稍长于萼；雄蕊着生于冠筒中部。蒴果近球形，稍扁。

白色花

矮桃	科　属：报春花科　珍珠菜属
Lysimachia clethroides	别　名：珍珠菜

生　境：生于海拔 500m 以上的山坡草地，路旁潮湿处。

分　布：各林区。

花期	1	2	3	4	5	6	7	8	9	10	11	12
果期	1	2	3	4	5	6	7	8	9	10	11	12

扫码了解更多

　　多年生草本；茎直立，不分枝。叶互生，卵状椭圆形，先端渐尖，基部渐狭至叶柄，两面疏生卷曲毛，背面边缘稍卷。总状花序顶生，初时花密集，后渐伸长；花萼裂片倒卵形，先端钝；花冠白色，管状；雄蕊短于花冠，花丝基部连合。蒴果球形。

狼尾花	科　属：报春花科　珍珠菜属
Lysimachia barystachys	别　名：虎尾草

生　境：生于山坡草地或路旁潮湿处。

分　布：银虎沟、万沟、蚂蚁沟、宝天曼、平坊、许窑沟等林区。

扫码了解更多

花期	1	2	3	4	5	6	7	8	9	10	11	12
果期	1	2	3	4	5	6	7	8	9	10	11	12

　　多年生草本；全株密被柔毛。单叶互生，稍厚，披针状长圆形，先端钝，近无柄，无黑色腺点。总状花序顶生，花密集，常转向一侧，后渐伸长；苞片线状钻形，花萼钟状，裂片长卵形，边缘膜质，具缘毛；花冠白色，檐部裂片长圆状披针形，直立。蒴果球形。

蔓胡颓子

蔓胡颓子	科 属：胡颓子科　胡颓子属
Elaeagnus glabra	别 名：

生　境：生于海拔 1 000m 以上的向阳林中或林缘。

分　布：圣垛山、野獐、南阴坡、宝天曼、葛条爬、蚂蚁沟、五岈子、许窑沟等林区。

扫码了解更多

花期	1	2	3	4	5	6	7	8	9	10	11	12
果期	1	2	3	4	5	6	7	8	9	10	11	12

　　常绿蔓生或攀缘灌木；近无刺，幼枝密被锈色鳞片。单叶互生，革质，卵形，基部圆形，边缘微反卷，侧脉 6~8 对；叶柄棕褐色。花淡白色，下垂，密被银白色鳞片，常 3~7 朵花密生于叶腋短小枝上成伞形总状花序。果实矩圆形，稍有汁，被锈色鳞片，成熟时红色。

夏至草	科　属：唇形科　夏至草属
Lagopsis supina	别　名：
生　境：生于山坡、路边、荒地等处。	
分　布：各林区。	

扫码了解更多

花期	1	2	3	4	5	6	7	8	9	10	11	12
果期	1	2	3	4	5	6	7	8	9	10	11	12

　　一年生草本；茎常在基部分枝，四棱形，具沟槽，密被微柔毛。基生叶具长柄，圆形，基部深心形，边缘具粗圆齿，两面均被伏贴毛；茎生叶较小，圆形，常3深裂，叶柄长约1cm。轮伞花序疏散，腋生，每轮8~16朵花；花冠白色，外被长柔毛，上唇全缘，下唇3裂。小坚果卵形，褐色。

野芝麻

科 属：	唇形科 野芝麻属

Lamium barbatum

别 名：

生 境：生于山坡林下、山谷沟岸草丛中。

分 布：蚂蚁沟、白草尖、红寺河、银虎沟等林区。

扫码了解更多

花期	1	2	3	4	5	6	7	8	9	10	11	12
果期	1	2	3	4	5	6	7	8	9	10	11	12

　　多年生草本；茎直立，四棱形，中空。单叶对生，卵形，先端尾状渐尖，基部平截，边缘具不整齐粗锯齿，两面均被毛；叶柄长1~7cm，散生短毛。轮伞花序具花 4~15 朵，生于茎上部叶腋；花萼钟形，5 裂，裂片三角形；花冠白色或淡黄色，内面有紫色斑纹。小坚果倒卵状长圆形，黑褐色，无毛，具三棱。

华山马鞍树	科　属：豆科　马鞍树属
Maackia hwashanensis	别　名：

生　境：生于山坡或山谷杂木林中。

分　布：宝天曼、京子垛、红寺河林区。

扫码了解更多

花期	1	2	3	4	5	6	7	8	9	10	11	12
果期	1	2	3	4	5	6	7	8	9	10	11	12

　　落叶乔木；小枝浅灰褐色。奇数羽状复叶，小叶 9~11 枚，卵形，先端短渐尖，基部圆形，表面无毛，背面密生短柔毛；小叶柄短，密被白色短柔毛。圆锥花序顶生，旗瓣倒卵形，翼瓣近镰形，龙骨瓣长椭圆形；花冠白色。荚果长椭圆形，褐色；种子红褐色，扁，长椭圆形。

白色花

照山白	科 属：杜鹃花科 杜鹃花属
Rhododendron micranthum	别 名：

生 境：生于海拔 1 200m 以上的山坡、山谷树下及灌丛中。

分 布：各林区。

扫码了解更多

花期	1	2	3	4	5	6	7	8	9	10	11	12
果期	1	2	3	4	5	6	7	8	9	10	11	12

　　常绿灌木；老枝灰色，无毛，纵裂。单叶互生，革质，倒披针形，先端钝尖，具短尖头，基部渐狭呈楔形，叶缘微反卷，表面散生鳞片；叶柄被短柔毛和鳞片。短总状花序顶生，花梗纤细；花萼小，5 深裂；花冠钟形，白色，5 裂，外面被鳞片。蒴果小，圆柱形，被稀疏鳞片。

芒	科　属：禾本科　芒属
Miscanthus sinensis	别　名：
生　境：生于山坡、河滩、沟边。	
分　布：各林区。	

扫码了解更多

花期	1	2	3	4	5	6	7	8	9	10	11	12
果期	1	2	3	4	5	6	7	8	9	10	11	12

　　多年生草本；秆无毛。叶鞘无毛，长于其节间，近鞘口具长柔毛；叶舌膜质，钝圆，先端具小纤毛；叶片线形，无毛，背面被白粉。圆锥花序扇形，分枝强壮而直立，穗轴无毛；小穗柄无毛，顶端膨大；小穗披针形，基盘具白色丝状毛。颖果长圆形，暗紫色。

白色花

荻		科　属：禾本科　芒属
Miscanthus sacchariflorus		别　名：
生　境：生于海拔1 000m以下的山坡草地和沟溪湿地。		
分　布：万沟、猴沟、大块地、圣垛山、大石窑、牛心垛、五峁子等林区。		

扫码了解更多

花期	1	2	3	4	5	6	7	8	9	10	11	12
果期	1	2	3	4	5	6	7	8	9	10	11	12

　　多年生高大草本；根状茎粗壮；秆高，具多节，节具长须毛。叶片长，除上面基部密生柔毛外均无毛；叶鞘无毛，叶舌先端具小纤毛。圆锥花序扇形，主轴无毛；穗轴节间无毛，每节具1枚短柄和1枚长柄小穗，基盘具白色丝状长柔毛。颖果长圆形。

扫码了解更多

七叶鬼灯檠

科　属：虎耳草科　鬼灯檠属	

Rodgersia aesculifolia | 别　名：

生　境：生于海拔1 000m以上的山坡及山谷林下阴湿处。

分　布：各林区。

花期	1	2	3	4	5	6	7	8	9	10	11	12
果期	1	2	3	4	5	6	7	8	9	10	11	12

　　多年生大型草本；根茎粗壮，横走，茎不分枝。掌状复叶，小叶3~7枚，狭倒卵形，边缘具不整齐重锯齿；基生叶柄极长。聚伞圆锥花序顶生，密被褐色柔毛；花多数，密集，花梗极短；萼片5枚，白色，开展，近三角形。蒴果卵形，具2喙，种子多数，褐色。

白色花

虎耳草	科　属：虎耳草科　虎耳草属
Saxifraga stolonifera	别　名：
生　境：生于山谷或山坡阴湿处。	
分　布：野獐、猴沟、蚂蚁沟、七里沟、牛心垛等林区。	

扫码了解更多

花期	1	2	3	4	5	6	7	8	9	10	11	12
果期	1	2	3	4	5	6	7	8	9	10	11	12

　　多年生草本；根纤细，呈纤维状；匍匐茎细长，红紫色。叶常数枚基生或茎下部有1~2枚叶，圆形，肉质，边缘有浅裂，表面具白色斑纹，背面紫红色，两面均有长伏毛。花茎直立，呈圆锥花序，疏松；花瓣5枚，白色，上面3枚较小。蒴果卵圆形，种子卵形。

山梅花		科　属：绣球花科　山梅花属		
Philadelphus incanus		别　名：		
生　境：生于海拔 1 000m 以上的山坡灌丛或山谷溪旁。				
分　布：各林区。				

花期	1	2	3	4	5	6	7	8	9	10	11	12
果期	1	2	3	4	5	6	7	8	9	10	11	12

扫码了解更多

　　落叶灌木；老枝褐色，片状剥裂。单叶对生，卵形，先端尖，基部宽楔形，边缘疏生小锯齿，上面被刚毛，背面密生长柔毛。总状花序，7~11 朵花，花白色；萼密生灰色长柔毛，裂片 4 枚，边缘及内面有短柔毛。蒴果倒卵形；种子扁平，长圆状纺锤形。

白色花

扫码了解更多

小花溲疏	科　属：绣球花科　溲疏属
Deutzia parviflora	别　名：
生　境：生于海拔 1 000m 以上山谷林缘或疏林中。	
分　布：各林区。	

	1	2	3	4	5	6	7	8	9	10	11	12
花期	1	2	3	4	5	6	7	8	9	10	11	12
果期	1	2	3	4	5	6	7	8	9	10	11	12

　　落叶灌木；小枝褐色，老枝皮剥落。单叶对生，纸质，卵形，边缘具细锯齿，两面均具星状毛。伞房花序多花，顶生，萼筒杯状，裂片 5 枚，三角形；花瓣 5 枚，白色，在花蕾中覆瓦状排列；雄蕊 10 个，花丝不裂；花柱 3 个，较雄蕊短。蒴果球形；种子纺锤形，褐色，具短尖。

银线草	科 属：金粟兰科 金粟兰属
Chloranthus quadrifolius	别 名：四块瓦

生 境：	生于海拔 1 000m 以上的山坡或山谷林下阴湿处。

分 布：	圣垛山、大块地、猴沟、万沟、蚂蚁沟、宝天曼等林区。

扫码了解更多

花期	1	2	3	4	5	6	7	8	9	10	11	12
果期	1	2	3	4	5	6	7	8	9	10	11	12

　　多年生草本；全体无毛，根状茎多节，横走，生多数须根，具特殊气味。茎直立，单生或数枚丛生，不分枝，下部节上对生 2 个鳞片状叶。叶 4 枚，生茎顶，呈轮生状，倒卵形，先端急尖，基部宽楔形，边缘具尖锐锯齿。花序单一，顶生，花白色，无梗。果实倒卵圆形，绿色。

白色花

紫斑风铃草	科 属：桔梗科 风铃草属
Campanula punctata	别 名：

扫码了解更多

生 境：生于海拔 1 000m 以上的山坡灌丛林下或山沟河边草地上。

分 布：七里沟、大块地、红寺河、银虎沟、平坊、京子垛、宝天曼等林区。

花期	1	2	3	4	5	6	7	8	9	10	11	12
果期	1	2	3	4	5	6	7	8	9	10	11	12

　　多年生草本；通体被刚毛。基生叶丛生，有长柄，卵形，基部心形，边缘有不规则浅齿；茎生叶互生，具带翅的长柄，三角状卵形。花生于茎端及枝端，下垂，花萼裂片三角形；花冠白色，带紫色斑，筒状钟形。蒴果倒锥形，成熟后自基部 3 裂，萼裂片宿存；种子长圆形，黄褐色，稍扁。

一年蓬	科　属：菊科　飞蓬属
Erigeron annuus	别　名：
生　境：生于山坡草地、路旁。	
分　布：各林区。	

花期	1	2	3	4	5	6	7	8	9	10	11	12
果期	1	2	3	4	5	6	7	8	9	10	11	12

　　一或二年生草本；全株被短硬毛。叶互生，基生叶矩圆形，边缘有粗锯齿；茎生叶较小，圆状披针形，叶柄短，边缘有不规则齿裂；最上部叶常线形，全缘，具睫毛。头状花序排成伞房状，总苞片3层，革质，密被长节毛；雌花2层，白色或淡蓝色，舌片线形。瘦果披针形，冠毛异形。

白色花

和尚菜	科　属：菊科　和尚菜属
Adenocaulon himalaicum	别　名：腺梗菜

生　境：	生于海拔 1 000m 以上的山坡林下及山谷阴湿处。

分　布：	蚂蚁沟、白草尖、红寺河、银虎沟、宝天曼等林区。

扫码了解更多

花期	1	2	3	4	5	6	7	8	9	10	11	12
果期	1	2	3	4	5	6	7	8	9	10	11	12

　　多年生草本；茎直立，分枝粗壮，被丝状茸毛。单叶互生，下部茎生叶肾形，基部心形，边缘具不明显波状齿，背面密被丝状毛，叶柄较长，并具翅；上部叶渐小，近无柄。头状花序排列成圆锥状，果期梗伸长，密被有柄腺毛；总苞半球形，总苞片果实向外反曲，雌花和两性花均为白色。果实圆锥形，密被头状具柄腺毛。

毛华菊	科　属：菊科　菊属
Chrysanthemum vestitum	别　名：

生　境：生于海拔 1 200m 以下的山坡草地、灌丛或林下。

分　布：南阳坡、万沟、大块地、七里沟、野獐等林区。

扫码了解更多

花期	1	2	3	4	5	6	7	8	9	10	11	12
果期	1	2	3	4	5	6	7	8	9	10	11	12

　　多年生草本；茎粗壮，上部多分枝，密被白色茸毛。单叶互生，革质，菱形，先端钝圆，边缘具疏齿或全缘，两面均被毛；茎中部叶大，基部和上部叶变小。头状花序单生枝端，排成疏伞房状；总苞片3层；舌状花白色，干后暗黄色。瘦果圆柱形，具5~6条纵肋。

白色花

香青	科　属：菊科　香青属
Anaphalis sinica	别　名：

生　境：生于海拔 800m 以上的山坡草地、林下或灌丛中。

分　布：牧虎顶、白草尖、野獐、五岈子、宝天曼等林区。

扫码了解更多

花期	1	2	3	4	5	6	7	8	9	10	11	12
果期	1	2	3	4	5	6	7	8	9	10	11	12

　　多年生草本；茎被灰白色茸毛。单叶互生，无柄，长圆形，基部下延于茎上成狭翅，表面被稀疏绢毛，背面密被厚绵毛。头状花序密集成伞房状，总苞钟状；总苞片 6~7 层，外层的较短，内层乳白色。果实长圆形，被腺点；冠毛较花冠长，雄花冠毛向上部渐宽扁，有锯齿。

珠光香青

Anaphalis margaritacea

科　属：菊科　香青属	
别　名：	

生　境：生于海拔 1 000m 以上的山坡草地、山谷路旁、林下等地。

分　布：牧虎顶、白草尖、野獐、五岈子、宝天曼等林区。

扫码了解更多

花期	1	2	3	4	5	6	7	8	9	10	11	12
果期	1	2	3	4	5	6	7	8	9	10	11	12

　　多年生草本；茎直立，被灰白色绵毛。单叶互生，无柄，微抱茎，狭披针形，先端具短尖头，基部渐狭，边缘反卷，表面绿色，背面密被灰白色绵毛。头状花序多数聚集呈复伞房花序；总苞片 5~7 层，上部白色，外层短，卵圆形被褐色毛。果实长圆形，有腺点，冠毛稍长于花冠。

白色花

两似蟹甲草	科　属：菊科　蟹甲草属
Parasenecio ambiguus	别　名：

生　境：生于海拔 1 500m 以上的山坡灌丛、林下、山谷溪旁等处。

分　布：宝天曼、平坊、红寺河、京子垛、蚂蚁沟、牧虎顶等林区。

扫码了解更多

花期	1	2	3	4	5	6	7	8	9	10	11	12
果期	1	2	3	4	5	6	7	8	9	10	11	12

　　多年生草本；茎粗壮。单叶互生，纸质，掌状浅裂，裂片 5~7 枚，宽三角形；中部叶边缘具波状齿，齿端具小尖头，背面无毛，侧脉叉状。头状花序极多数，总花梗短，总花梗与花序轴均被短柔毛；筒状花 3 朵，白色。瘦果圆柱形，淡褐色；冠毛淡黄褐色。

山尖子		科　属：菊科　蟹甲草属			
Parasenecio hastatus		别　名：			
生　境：生于山谷及山坡林下。					
分　布：各林区。					

花期	1	2	3	4	5	6	7	8	9	10	11	12
果期	1	2	3	4	5	6	7	8	9	10	11	12

扫码了解更多

　　多年生草本；茎粗壮，中空。下部叶花期枯萎；中部叶三角状戟形，边缘具细锯齿，背面密被短柔毛，基出3脉，叶柄具狭翅；上部叶渐小，具短柄。头状花序多数，下垂，密集成圆锥花序；花序轴和总花梗均密被短毛；筒状花10~12朵，白色。果实长圆形，淡黄褐色；冠毛白色。

东风菜	科　属：菊科　紫菀属
Aster scaber	别　名：

扫码了解更多

生　境：生于海拔 1 200m 以上的山坡，山谷林下、灌丛阴湿处。

分　布：各林区。

花期	1	2	3	4	5	6	7	8	9	10	11	12
果期	1	2	3	4	5	6	7	8	9	10	11	12

　　多年生草本；茎圆柱形，近无毛。单叶互生，心形，先端渐尖，基部心形，边缘具粗齿，两面均被稀疏短糙毛；基部及下部叶具长柄，上部叶近无柄而抱茎。头状花序在茎、枝端排列成圆锥状伞房花序；总苞3层，不等长，披针形；舌状花白色，筒状花黄色。果实倒卵形，褐色，具5条肋；冠毛黄白色。

薄雪火绒草	科　属：菊科　火绒草属	
Leontopodium japonicum	别　名：	
生　境：生于海拔 1 000m 以上的向阳山坡、灌丛和林下。		
分　布：圣垛山、许窑沟、白草尖、万沟等林区。		扫码了解更多

花期	1	2	3	4	5	6	7	8	9	10	11	12
果期	1	2	3	4	5	6	7	8	9	10	11	12

多年生草本；茎直立，上部被白色薄绵毛。单叶互生，排列疏松，倒披针形，无鞘，全缘，常不反卷，背面被银白色茸毛。头状花序，多数，较疏散；总苞钟形，被白色密茸毛；总苞片 3 层，顶端钝；雄花花冠漏斗状，雌花花冠细管状；冠毛白色，基部稍浅红色。果实微小，冠毛白色。

白色花

露珠草	科　属：柳叶菜科　露珠草属
Circaea cordata	别　名：
生　境：生于林缘、灌丛或山坡疏林中。	
分　布：各林区。	

花期	1	2	3	4	5	6	7	8	9	10	11	12
果期	1	2	3	4	5	6	7	8	9	10	11	12

扫码了解更多

　　多年生草本；茎圆柱形，密被长毛和短腺毛。单叶对生，卵状心形，基部心形，边缘疏生不明显牙齿，两面疏生短毛；叶柄长 3~5cm，具开展短毛。总状花序顶生，花序轴被短腺毛和长毛；苞片小；花两性，白色；花瓣 2 枚，倒卵形，短于萼裂片。果实倒卵状球形，褐色，密被短毛。

阿尔泰银莲花	科　属：毛茛科　银莲花属	
Anemone altaica	别　名：	

生　境：生于海拔 1 000m 以上的山坡林下阴湿处。

分　布：宝天曼、五岈子、大块地、南阴坡等林区。

花期	1	2	3	4	5	6	7	8	9	10	11	12
果期	1	2	3	4	5	6	7	8	9	10	11	12

扫码了解更多

　　多年生草本；根状茎横生，圆柱形，淡黄褐色，多节。基生叶 1 枚，有时无，为三出复叶，小叶具细柄；顶生小叶 3 全裂，裂片深裂并有缺刻状牙齿，叶柄长 4~9cm。花葶高 10~20cm，无毛；总苞片 3 个，具柄，叶状，3 全裂；花单个顶生，萼片 8~10 枚，白色，狭倒卵形，无毛。瘦果卵形，先端尖，密生长柔毛。

东亚唐松草	科　属：毛茛科　唐松草属
Thalictrum minus var. *hypoleucum*	别　名：

生　境：生于山坡、山谷、路旁或林下。

分　布：蚂蚁沟、五岈子、红寺河、宝天曼等林区。

	1	2	3	4	5	6	7	8	9	10	11	12
花期	1	2	3	4	5	6	7	8	9	10	11	12
果期	1	2	3	4	5	6	7	8	9	10	11	12

扫码了解更多

　　多年生草本；全株无毛。叶为三至四回三出复叶，小叶近圆形，纸质，3 浅裂，裂片全缘或具疏牙齿，背面有白粉，叶脉隆起，网脉明显。花序圆锥状，花多数；萼片 4 枚，绿白色。瘦果卵球形，纵肋明显，柱头宿存。

大花绣球藤

Clematis montana var.
longipes

科　属：	毛茛科　铁线莲属
别　名：	

生　境：生于山坡、山谷灌丛中、林边或沟旁。

分　布：宝天曼、平坊林区。

扫码了解更多

花期	1	2	3	4	5	6	7	8	9	10	11	12
果期	1	2	3	4	5	6	7	8	9	10	11	12

　　落叶藤本；茎圆柱形，有纵条纹。三出复叶，数叶与花簇生或对生，小叶片长圆状椭圆形，叶缘疏生粗锯齿。绣球藤枝有长短二型，短枝叶簇生。花1~5朵簇生于短枝上，花大，萼片长圆形，白色，顶端圆钝，外面沿边缘密生短茸毛。瘦果扁，卵形，无毛。

白色花

绣球藤	科　属：毛茛科　铁线莲属
Clematis montana	别　名：

生　境：生于海拔 1 000m 以上的山坡或山谷林中。

分　布：大块地、宝天曼、万沟等林区。

花期	1	2	3	4	5	6	7	8	9	10	11	12
果期	1	2	3	4	5	6	7	8	9	10	11	12

扫码了解更多

落叶藤本；枝有长、短二型，短枝叶簇生。单叶对生，小叶 3 枚，卵形，先端急尖，3 浅裂或不分裂，边缘有锯齿，两面疏生短柔毛；叶柄长 5~6cm。花 1~5 朵簇生于短枝上；花梗长 5~10cm，疏生短柔毛；萼片 4 枚，白色，展开，外面疏生短柔毛。瘦果扁卵形，无毛，干后变黑色。

	科　属：毛茛科　铁线莲属
短尾铁线莲	
Clematis brevicaudata	别　名：
生　境：生于山坡灌丛或疏林中。	
分　布：圣垛山、许窑沟、白草尖、万沟、宝天曼等林区。	

扫码了解更多

花期	1	2	3	4	5	6	7	8	9	10	11	12
果期	1	2	3	4	5	6	7	8	9	10	11	12

　　落叶藤本；小枝褐色，疏生短毛。二回三出或羽状复叶，小叶卵形，先端渐尖，边缘疏生锯齿，有时 3 裂，近无毛；叶柄较长。圆锥花序顶生或腋生，腋生花序较叶短；萼片 4 枚，展开，白色，狭倒卵形，两面均具短柔毛。瘦果卵形，密生短柔毛；羽状花柱长约 3cm。

白色花

樱木	科 属：蔷薇科 李属
Prunus buergeriana	别 名：
生 境：生于山坡或山沟疏林中。	
分 布：各林区。	

花期	1	2	3	4	5	6	7	8	9	10	11	12
果期	1	2	3	4	5	6	7	8	9	10	11	12

扫码了解更多

　　落叶乔木；小枝褐色，无毛。单叶互生，椭圆形，先端尾状渐尖，边缘有贴生锐锯齿，两面无毛，叶柄无毛；托叶膜质，线形，早落。总状花序具多花，基部无叶；萼片三角状卵形，花瓣白色，宽倒卵形。核果近球形，黑褐色，无毛；萼片宿存。

水榆花楸	科　属：蔷薇科　花楸属
Sorbus alnifolia	别　名：

生　境：生于海拔1 000m以上的山坡或山谷杂木林中。

分　布：各林区。

扫码了解更多

花期	1	2	3	4	5	6	7	8	9	10	11	12
果期	1	2	3	4	5	6	7	8	9	10	11	12

　　落叶乔木；小枝具灰白色皮孔。单叶互生，卵形，先端渐尖，边缘具不整齐重锯齿，侧脉 8~14 对，近平行。伞房花序多花，总花梗极短；花白色，萼筒外面无毛，裂片 5 枚，里面密生白茸毛。果实椭圆形，红色或黄色，萼片脱落后残留为圆穴。

白色花

软条七蔷薇	科　属：蔷薇科　蔷薇属
Rosa henryi	别　名：

生　境：生于山坡或山沟杂木林中。

分　布：各林区。

扫码了解更多

花期	1	2	3	4	5	6	7	8	9	10	11	12
果期	1	2	3	4	5	6	7	8	9	10	11	12

　　落叶蔓生藤本；小枝具粗短钩刺；幼枝红褐色，无毛。奇数羽状复叶，小叶5枚，椭圆形，先端渐尖，边缘具锐锯齿，两面均无毛，背面灰白色，顶生小叶柄较长。伞房花序具多花，花瓣白色，芳香，萼裂片卵状披针形，先端尾状渐尖，外面具腺毛。果实球形，深红色，有光泽。

小果蔷薇	科　属：蔷薇科　蔷薇属
Rosa cymosa	别　名：

生　境：生于山坡灌丛或疏林中。

分　布：七里沟、野獐、万沟、蚂蚁沟、平坊等林区。

花期	1	2	3	4	5	6	7	8	9	10	11	12
果期	1	2	3	4	5	6	7	8	9	10	11	12

扫码了解更多

　　落叶蔓生灌木；小枝纤细，有钩状刺。奇数羽状复叶，小叶 3~5 枚，卵状披针形，先端渐尖，基部近圆形，边缘具内曲的锐锯齿，两面无毛；叶柄和叶轴散生钩状皮刺，托叶线形，与叶柄分离。花多数，呈伞房花序；花白色，萼裂片卵状披针形，花瓣倒卵形。蔷薇果近球形，萼裂片脱落。

野山楂	科 属：蔷薇科　山楂属
Crataegus cuneata	别 名：

生 境：生于海拔1 000m以下的山坡灌丛或杂木林中。

分 布：各林区。

花期	1	2	3	4	5	6	7	8	9	10	11	12
果期	1	2	3	4	5	6	7	8	9	10	11	12

扫码了解更多

　　落叶灌木；枝有细短刺，一年生枝紫褐色，无毛。单叶互生，倒卵形，先端常3裂，基部楔形，下延至叶柄成窄翅。伞房花序顶生，总花梗与花梗均有柔毛，花白色；萼筒钟状，内外两面有柔毛；花瓣近圆形，基部有短爪。梨果红色，有小核4~5个。

中华绣线菊	科 属：蔷薇科 绣线菊属
Spiraea chinensis	别 名：

生 境：生于灌丛林缘、山谷、溪旁等处。

分 布：银虎沟、万沟、蚂蚁沟、宝天曼、葛条爬、五岈子等林区。

花期	1	2	3	4	5	6	7	8	9	10	11	12
果期	1	2	3	4	5	6	7	8	9	10	11	12

扫码了解更多

　　落叶灌木；枝拱曲。单叶互生，菱状卵形，先端急尖，基部楔形，边缘中部以上具缺刻状粗齿，表面暗绿色，背面密被黄色茸毛，脉明显凸起。伞形花序生侧枝顶端，具花多数；花白色，萼筒外面被黄色茸毛，花瓣近圆形。菁葖果开展，被短柔毛；花柱近于顶生，斜展。

白色花

华北绣线菊	科　属：蔷薇科　绣线菊属
Spiraea fritschiana	别　名：

生　境：生于山坡、山谷灌丛或林缘。

分　布：银虎沟、万沟、蚂蚁沟、宝天曼等林区。

花期	1	2	3	4	5	6	7	8	9	10	11	12
果期	1	2	3	4	5	6	7	8	9	10	11	12

扫码了解更多

　　落叶灌木；小枝有角棱，紫褐色，无毛。单叶互生，卵形，先端急尖，边缘具不整齐重锯齿，背面淡绿色，有短柔毛。复伞房花序生于当年枝顶，无毛；花瓣白色，倒卵形，在芽中呈粉红色，雄蕊 25~30 个，比瓣长。蓇葖果无毛，花柱近顶生，斜展。

扫码了解更多

绣球绣线菊			科　属：蔷薇科　绣线菊属									
Spiraea blumei			别　名：									
生　境：生于海拔 700m 以上的山坡或山谷灌丛中。												
分　布：五岈子、大块地、南阴坡、宝天曼、平坊等林区。												

花期	1	2	3	4	5	6	7	8	9	10	11	12
果期	1	2	3	4	5	6	7	8	9	10	11	12

　　落叶灌木；枝细，微拱曲。单叶互生，菱状卵形，先端钝，基部楔形，边缘中部以上具缺刻状钝锯齿，两面无毛，背面淡绿色，具明显羽状脉；叶柄短，无毛。伞形花序常具总梗，具花 20~50 朵；苞片披针形，无毛；花白色，花瓣倒卵形，先端微凹。蓇葖果直立，无毛，花柱顶生背部。

覆盆子	科　属：蔷薇科　悬钩子属
Rubus idaeus	别　名：
生　境：生于山坡灌丛或山谷溪旁。	
分　布：五岈子、白草尖、圣垛山、红寺河、平坊、宝天曼等林区。	

扫码了解更多

花期	1	2	3	4	5	6	7	8	9	10	11	12
果期	1	2	3	4	5	6	7	8	9	10	11	12

　　落叶灌木；茎红褐色，有疏生细刺。奇数羽状复叶，小叶3~5枚，卵形，先端短渐尖，基部圆形，边缘具粗重锯齿，背面有灰白色茸毛；叶柄及叶轴均有短刺。顶生总状花序短，花白色；萼裂片披针形，先端尾尖，两面有柔毛。聚合果近球形，红色，有茸毛。

华北珍珠梅	科　属：蔷薇科　珍珠梅属
Sorbaria kirilowii	别　名：

扫码了解更多

生　境：生于海拔 1 000m 以上的山坡、林缘、灌丛、沟谷、溪旁。

分　布：七里沟、大块地、红寺河、银虎沟、宝天曼等林区。

花期	1	2	3	4	5	6	7	8	9	10	11	12
果期	1	2	3	4	5	6	7	8	9	10	11	12

　　落叶灌木；小枝圆柱形，无毛。奇数羽状复叶互生，小叶披针形，基部圆形，边缘有尖锐重锯齿，两面无毛；小叶近无柄。顶生圆锥花序紧密，花白色，萼筒两面均无毛；雄蕊多数，近与花瓣等长。蓇葖果长圆柱形，无毛；萼片反折。

白色花

酸浆	科　属：茄科　酸浆属
Alkekengi officinarum	别　名：红姑娘
生　境：生于山坡草丛、荒地、路边、林下。	
分　布：京子垛、蚂蚁沟、平坊、宝天曼等林区。	

扫码了解更多

花期	1	2	3	4	5	6	7	8	9	10	11	12
果期	1	2	3	4	5	6	7	8	9	10	11	12

　　多年生草本；茎不分枝，节略膨大。单叶互生，长卵形，基部不对称狭楔形，下延至叶柄，全缘，两面被柔毛。花单生；花梗和花萼均密生柔毛，果熟后不脱落；花冠辐状，白色。果萼卵状，薄革质，网脉显著，有 10 条纵肋，橙色或火红色；浆果球形，橙红色，柔软多汁；种子肾形，淡黄色。

50　河南宝天曼观花手册

暖木	科　属：清风藤科　泡花树属
Meliosma veitchiorum	别　名：

生　境：生于海拔1 000m以上的山谷杂木林中。

分　布：宝天曼、牧虎顶、红寺河、蚂蚁沟、京子垛等林区。

扫码了解更多

花期	1	2	3	4	5	6	7	8	9	10	11	12
果期	1	2	3	4	5	6	7	8	9	10	11	12

　　落叶乔木；幼枝被锈色柔毛，小枝粗壮。奇数羽状复叶，小叶7~11枚，长椭圆形，先端渐尖，全缘，表面深绿色，无毛；小叶柄短，有柔毛。圆锥花序直立，顶生；花白色，极多；萼片5枚，长椭圆形，花瓣倒心脏形。核果球形，熟时黑色。

白色花

多花泡花树	科　属：清风藤科　泡花树属
Meliosma myriantha	别　名：

生　境：生于山坡灌丛，溪谷边的杂木林中。

分　布：宝天曼、平坊等林区。

花期	1	2	3	4	5	6	7	8	9	10	11	12
果期	1	2	3	4	5	6	7	8	9	10	11	12

扫码了解更多

　　落叶乔木；树皮黑褐色，纵裂。单叶互生，膜质，倒卵状长椭圆形，先端短渐尖，基部宽楔形，边缘具刺状锯齿，表面暗绿色，两面脉上均被柔毛；叶柄被长柔毛。圆锥花序顶生，花小白色；萼片4枚，卵形，具缘毛；花瓣5枚，外面3枚近圆形，内面2枚线状钻形。核果球形，熟时红色。

宜昌荚蒾	科　属：荚蒾科　荚蒾属
Viburnum erosum	别　名：

生　境：生于海拔 300m 以上的山坡林下或灌丛中。
分　布：京子垛、宝天曼、圣垛山、野獐林区。

花期	1	2	3	4	5	6	7	8	9	10	11	12
果期	1	2	3	4	5	6	7	8	9	10	11	12

　　落叶灌木；两年生小枝灰紫褐色，无毛。单叶对生，纸质，形状变化大，边缘有波状小锯齿，背面密被茸毛，近基部两侧有少数腺体，侧脉直达齿端；叶柄基部有 2 枚宿存托叶。聚伞花序生于侧生短枝顶端，萼筒筒状，被短毛；花冠白色，辐状，无毛。果实红色，宽卵圆形，核扁。

白色花

鸡树条	科　属：荚蒾科 荚蒾属
Viburnum opulus subsp. *calvescens*	别　名：

生　境：生于海拔 1 000m 以上的杂木林中或林缘。

分　布：宝天曼、平坊林区。

扫码了解更多

花期	1	2	3	4	5	6	7	8	9	10	11	12
果期	1	2	3	4	5	6	7	8	9	10	11	12

　　落叶灌木；当年生枝具棱，无毛。单叶对生，卵圆形，通常 3 裂，侧生裂片向外开展，基部圆形，表面无毛，边缘具不整齐粗牙齿。复伞形花序，花多数，具大型不孕花；花冠白色，辐状，不孕花白色。果实近球形，红色；核扁，近圆形，灰白色，稍粗糙。

金银忍冬			科 属：忍冬科　忍冬属								
Lonicera maackii			别 名：								
生 境：生于林中或林缘溪流附近的灌丛中。											
分 布：圣垛山、许窑沟、白草尖、万沟、宝天曼等林区。											

扫码了解更多

花期	1	2	3	4	5	6	7	8	9	10	11	12
果期	1	2	3	4	5	6	7	8	9	10	11	12

　　落叶灌木；常被短柔毛，小枝中空。单叶对生，纸质，形状变化较大，通常卵状椭圆形，顶端渐尖，基部宽楔形。花芳香，生于幼枝叶腋；花冠先白色后变黄色，外被短伏毛，唇形；雄蕊与花柱长约达花冠的 2/3。果实暗红色，圆形。

白色花

刚毛忍冬	科　属：忍冬科　忍冬属
Lonicera hispida	别　名：

扫码了解更多

生　境：生于海拔 1 000m 以上的山坡林中、林缘或灌丛中。

分　布：各林区。

花期	1	2	3	4	5	6	7	8	9	10	11	12
果期	1	2	3	4	5	6	7	8	9	10	11	12

　　落叶灌木；幼枝、叶柄和总花梗均具刚毛。单叶对生，厚纸质，叶形变化较大，顶端尖，边缘有刚睫毛。总花梗长 1cm，苞片宽卵形，相邻两萼筒分离，常具刚毛和腺毛；花冠白色，漏斗状，裂片直立，短于筒。浆果卵圆形，先黄色后变红色。

唐古特忍冬	科　属：忍冬科　忍冬属	
Lonicera tangutica	别　名：	

生　境：生于海拔 1 500m 以上的山坡林下、灌丛。

分　布：宝天曼、平坊、野獐、蚂蚁沟等林区。

花期	1	2	3	4	5	6	7	8	9	10	11	12
果期	1	2	3	4	5	6	7	8	9	10	11	12

扫码了解更多

　　落叶灌木；幼枝无毛。单叶对生，纸质，倒披针形，全缘，两面均具糙毛。总花梗生于幼枝下方叶腋，苞片狭细；相邻两萼筒中部以上合生，无毛；花冠黄白色，筒状漏斗形，基部具浅囊；雄蕊着生于花冠筒中部，花柱高出花冠萼片。浆果球形，红色。

蕺菜	科 属：三白草科 蕺菜属
Houttuynia cordata	别 名：鱼腥草
生 境：生于山谷湿地、水边或阴湿林下。	
分 布：京子垛、宝天曼等林区。	

扫码了解更多

花期	1	2	3	4	5	6	7	8	9	10	11	12
果期	1	2	3	4	5	6	7	8	9	10	11	12

多年生草本；有鱼腥臭味；根状茎细长，白色；茎单生，幼时常紫红色，无毛。单叶互生，心脏形，先端急尖，基部心脏形，全缘，密生细腺点，无毛；托叶披针形，基部与叶柄合生成鞘状。穗状花序生于茎端，与叶对生，基部有 4 枚白色花瓣状苞片。蒴果壶形，顶端开裂。

紫茎	科　属：山茶科　紫茎属
Stewartia sinensis	别　名：

生　境：生于海拔 1 300m 以上的山谷或山坡杂木林中。

分　布：银虎沟、万沟、蚂蚁沟、宝天曼林区。

花期	1	2	3	4	5	6	7	8	9	10	11	12
果期	1	2	3	4	5	6	7	8	9	10	11	12

扫码了解更多

　　落叶乔木；树皮薄，灰黄色，脱落后呈深褐色，平滑。单叶互生，纸质，卵形，基部圆形，边缘有锯齿，侧脉 5~6 对，叶柄红色。花单生叶腋，白色；苞片 2 枚，卵圆形，宿存；花瓣 5 枚，倒卵形，外面被长柔毛。蒴果圆锥形，顶端长喙状，外面密被黄褐色柔毛，成熟时 5 瓣裂。

白檀	科　属：山矾科　山矾属
Symplocos tanakana	别　名：
生　境：生于海拔 1 400m 以下的山坡、路边、疏林或密林中。	
分　布：各林区。	

扫码了解更多

花期	1	2	3	4	5	6	7	8	9	10	11	12
果期	1	2	3	4	5	6	7	8	9	10	11	12

　　落叶灌木；嫩枝有灰白色柔毛。单叶互生，膜质，椭圆形，先端急尖，基部阔楔形，边缘具细尖锯齿，叶背常有柔毛。圆锥花序顶生，通常有柔毛；苞片早落，有褐色腺点；花冠白色，5 深裂近达基部；子房 2 室。核果熟时蓝色，卵状球形，稍偏斜，顶端宿存萼片直立。

灯台树	科　属：山茱萸科　山茱萸属
Cornus controversa	别　名：

生　境：生于海拔 1 700m 以下的山坡或山谷中。

分　布：万沟、圣垛山、宝天曼、野獐等林区。

花期	1	2	3	4	5	6	7	8	9	10	11	12
果期	1	2	3	4	5	6	7	8	9	10	11	12

扫码了解更多

　　落叶乔木；小枝暗红紫色，无毛。单叶互生，常集生于枝梢，宽卵形，基部圆形或偏斜，全缘，背面灰白色，弧形脉 6~7 对。伞房状聚伞花序，花白色，花瓣 4 枚，长圆披针形；雄蕊 4 个，与花瓣互生。核果球形，成熟时紫黑色；核骨质，球形。

四照花	科 属：山茱萸科　山茱萸属
Cornus kousa subsp. *chinensis*	别 名：

生 境：生于海拔800m以上的山坡或山谷杂木林中。

分 布：各林区。

扫码了解更多

花期	1	2	3	4	5	6	7	8	9	10	11	12
果期	1	2	3	4	5	6	7	8	9	10	11	12

　　落叶乔木；嫩枝被白色柔毛，二年生枝灰褐色，近无毛。单叶对生，纸质，卵形，先端渐尖，基部圆形，常稍偏斜，表面疏被白色柔毛，侧脉4~5对；叶柄长约1cm，被柔毛。头状花序球形；花苞片4枚，白色，卵形；花黄色。果序球形，成熟时红色；总果柄纤细。

毛梾	科　属：山茱萸科　山茱萸属	
Cornus walteri	别　名：	
生　境：生于山坡或山谷杂木林中。		
分　布：各林区。		

花期	1	2	3	4	5	6	7	8	9	10	11	12
果期	1	2	3	4	5	6	7	8	9	10	11	12

扫码了解更多

　　落叶乔木；树皮黑褐色，常纵裂；枝灰褐色，幼时被白色毛。单叶对生，椭圆形，先端渐尖，基部楔形，表面有柔毛，背面灰绿色，密生短柔毛，侧脉 4 对。伞房状聚伞花序；花白色，子房近球形，密被灰白色短柔毛；花柱短，棍棒状。核果近球形，黑色。

白色花

膀胱果	科　属：省沽油科　省沽油属
Staphylea holocarpa	别　名：

生　境：生于海拔 1 000m 以上的山谷或山坡杂木林中。

分　布：宝天曼、蚂蚁沟、猴沟、红寺河、宝天曼林区。

花期	1	2	3	4	5	6	7	8	9	10	11	12
果期	1	2	3	4	5	6	7	8	9	10	11	12

扫码了解更多

　　落叶小乔木；小枝灰绿色，无毛。三出复叶，对生，小叶椭圆形，近革质，先端急尖，边缘有硬细锯齿，无毛；顶生小叶柄较长，侧生小叶近无柄。圆锥花序，下垂，具长梗；花白色；萼片、花瓣及雄蕊通常较长。蒴果梨形，先端突锐尖；种子灰褐色，光亮。

白花碎米荠	科　属：十字花科　碎米荠属			
Cardamine leucantha	别　名：			

生　境：生于海拔 1 000m 以上的山谷或山坡林下潮湿处。

分　布：各林区。

扫码了解更多

花期	1	2	3	4	5	6	7	8	9	10	11	12
果期	1	2	3	4	5	6	7	8	9	10	11	12

　　一年生直立草本；被疏柔毛，茎不分枝或仅上部分枝。奇数羽状复叶，小叶 5 枚，卵状长圆形，基部偏斜，边缘具不规则粗锯齿；上部侧生小叶无柄，下部有短柄。花大，萼片卵形，被疏毛；花瓣白色，狭长圆形，先端圆。长角果线形，稍扁平，不开裂；种子扁平，长圆形，黑褐色。

白色花

茖葱	科　属：石蒜科　葱属
Allium ochotense	别　名：

生　境：生于海拔1 000m以上的阴湿山坡、林下或沟边。

分　布：平坊、宝天曼、七里沟、大块地、红寺河、银虎沟等林区。

扫码了解更多

花期	1	2	3	4	5	6	7	8	9	10	11	12
果期	1	2	3	4	5	6	7	8	9	10	11	12

　　多年生草本；鳞茎单生或2~3枚聚生，网状。叶2~3枚，椭圆形，基部楔形，沿叶柄稍下延；叶柄长为叶的一半。花葶圆柱状，总苞2裂，宿存；伞形花序球形，具多而密集的花；花绿白色，内轮花被片椭圆状卵形，外轮的狭而短。蒴果开裂，先端凹。

鹅肠菜	科　属：石竹科　繁缕属
Stellaria aquatica	别　名：

生　境：	生于溪流两旁冲积沙地的低湿处或灌丛林缘和水沟旁。
分　布：	葛条爬、蚂蚁沟、平坊、曼顶、牡丹岭等林区。

花期	1	2	3	4	5	6	7	8	9	10	11	12
果期	1	2	3	4	5	6	7	8	9	10	11	12

扫码了解更多

　　两年生草本；具须根；茎上升，多分枝，被腺毛。单叶对生，卵形，顶端急尖；上部叶柄近无，疏生柔毛。二歧聚伞花序顶生；苞片叶状，边缘具腺毛；花瓣白色，2深裂至基部，裂片线形。蒴果卵圆形；种子近肾形，褐色，具小疣。

白色花

缘毛卷耳	科 属：石竹科　卷耳属
Cerastium furcatum	别 名：
生 境：生于海拔 1 000m 以上的山坡草地或灌丛中。	
分 布：七里沟、许窑沟、银虎沟、红寺河等林区。	

扫码了解更多

花期	1	2	3	4	5	6	7	8	9	10	11	12
果期	1	2	3	4	5	6	7	8	9	10	11	12

　　多年生草本；茎单一或簇生，被长柔毛。单叶对生，茎下部叶近匙形，中上部卵状矩圆形，有长柔毛。聚伞花序顶生，有 5~10 朵花；花梗细，密生腺毛和柔毛，果期常下垂；萼片 5 枚，矩圆状披针形，边缘膜质；花瓣 5 枚，白色，矩圆形，2 深裂。蒴果圆柱形，长为萼片的 2~3 倍；种子扁圆形，褐色。

雀舌草	科　属：石竹科　繁缕属
Stellaria alsine	别　名：天蓬草

生　境：生于溪旁、林缘、草地等潮湿处。

分　布：大块地、猴沟、万沟、银虎沟、宝天曼等林区。

花期	1	2	3	4	5	6	7	8	9	10	11	12
果期	1	2	3	4	5	6	7	8	9	10	11	12

扫码了解更多

　　二年生草本；茎细弱，有多数疏散分枝，无毛。单叶对生，无柄，矩圆形，顶端渐尖，基部楔形，半抱茎，全缘或边缘浅波状。聚伞花序常有 3 朵花，顶生；萼片 5 枚，披针形，边缘膜质；花瓣 5 枚，白色，2 深裂近达基部。蒴果 6 裂，种子肾形，稍扁，表面有皱纹状突起。

白色花

箐姑草	科 属：石竹科 繁缕属
Stellaria vestita	别 名：
生 境：生于山沟、路旁与林缘潮湿地。	
分 布：各林区。	

扫码了解更多

花期	1	2	3	4	5	6	7	8	9	10	11	12
果期	1	2	3	4	5	6	7	8	9	10	11	12

　　多年生草本；全株被星状毛；茎疏丛生。单叶对生，卵形，基部圆形，全缘，两面均被星状毛。聚伞花序疏散，萼片 5 枚，披针形，外面被星状毛；花瓣白色，5 枚，2 深裂近基部，短于萼片；雄蕊 10 个；花柱 3 个，稀为 4 个。蒴果卵形，6 齿裂；种子多数，肾形。

繁缕	科　属：石竹科　繁缕属
Stellaria media	别　名：
生　境：生于溪旁、灌丛与林缘湿地。	
分　布：各林区。	

花期	1	2	3	4	5	6	7	8	9	10	11	12
果期	1	2	3	4	5	6	7	8	9	10	11	12

扫码了解更多

　　一或二年生草本；茎纤细，基部多分枝。单叶对生，卵形，先端锐尖，全缘，基生叶具长柄，上部叶常无柄或具短柄。疏聚伞花序顶生，萼片5枚，卵状披针形，边缘宽膜质；花瓣白色，5枚。蒴果卵形，顶端6裂；种子卵圆形，稍扁，红褐色，表面具半球形瘤状凸起。

白色花

淫羊藿	科　属：小檗科　淫羊藿属
Epimedium brevicornu	别　名：

生　境：生于山坡林下、山谷或沟溪阴湿处。

分　布：各林区。

花期	1	2	3	4	5	6	7	8	9	10	11	12
果期	1	2	3	4	5	6	7	8	9	10	11	12

扫码了解更多

　　多年生草本；根状茎短，质硬。基生叶 1~3 枚，三出复叶；小叶卵状披针形，基部箭形，边缘有锯齿。叶柄长约 15cm。总状花序顶生，花多数；萼片 2 轮，外轮有紫色斑点，内轮白色；花瓣 4 枚，黄色。蒴果椭圆形；种子暗红色，有肉质假种皮。

金灯藤	科　属：旋花科　菟丝子属
Cuscuta japonica	别　名：日本菟丝子

生　境：生于海拔 700m 以上的山坡、山谷多种草本植物或灌木上。

分　布：五岈子、大块地、南阴坡、宝天曼、猴沟、牛心垛、平坊等林区。

花期	1	2	3	4	5	6	7	8	9	10	11	12
果期	1	2	3	4	5	6	7	8	9	10	11	12

　　一年生寄生草本；茎粗壮，常带红色，有紫红色瘤状斑点，多分枝。花序侧生，多分枝，花近无梗；苞片鳞片状，卵圆形，先端尖；花冠钟形，白色带粉红色，5 裂，裂片卵圆形，先端钝。蒴果卵圆形，近基部盖裂；种子 1~2 粒，褐色。

白色花

博落回	科 属：罂粟科 博落回属
Macleaya cordata	别 名：
生 境：生于山坡、林缘、路边、沟谷、草地。	
分 布：野獐、猴沟、蚂蚁沟、七里沟、宝天曼、大石窑等林区。	

扫码了解更多

花期	1	2	3	4	5	6	7	8	9	10	11	12
果期	1	2	3	4	5	6	7	8	9	10	11	12

　　多年生草本；茎直立，绿色，光滑，多白粉，上部多分枝。单叶互生，宽卵圆状心脏形，掌状 7~9 浅裂，边缘具粗齿，表面无毛，背面有白粉，具长柄。圆锥花序顶生，大型；萼片 2 枚，花瓣状，白黄色；萼片舟形，黄白色。蒴果扁平，倒披针形；种子卵珠形，3~4 粒。

红蓼	科　属：蓼科　蓼属
Persicaria orientalis	别　名：

生　境：生于山坡、路旁、河滩、荒地。

分　布：银虎沟、万沟、蚂蚁沟、宝天曼等林区。

花期	1	2	3	4	5	6	7	8	9	10	11	12
果期	1	2	3	4	5	6	7	8	9	10	11	12

扫码了解更多

一年生草本；茎直立，多分枝，密生长毛。单叶互生，具长柄，卵形，先端渐尖，基部近圆形，两面疏生长毛；托叶鞘筒状，下部膜质，褐色，上部草质，常有叶状环翅。花序圆锥状；苞片宽卵形；花淡红色，花被5深裂，裂片椭圆形。瘦果近圆形，扁平，黑色，有光泽。

红色花

山丹		科 属：百合科 百合属
Lilium pumilum		别 名：
生 境：生于海拔 400m 以上的山坡草地或林缘。		
分 布：宝天曼、许窑沟、银洞尖、平坊、红寺河、牧虎顶等林区。		

花期	1	2	3	4	5	6	7	8	9	10	11	12
果期	1	2	3	4	5	6	7	8	9	10	11	12

扫码了解更多

　　多年生草本；鳞茎卵形，白色；茎有突起，有时带紫色条纹。叶散生于茎中部，线形，中脉下面突出，近无柄。花单生或数朵排成总状花序，鲜红色，通常无斑点，下垂；花被片反卷，蜜腺两边有乳头状突起；花药黄色，花粉近红色。蒴果矩圆形。

渥丹	科　属：百合科　百合属
Lilium concolor	别　名：
生　境：生于山坡草丛、路旁、灌木林下。	
分　布：五岈子、大块地、南阴坡、宝天曼等林区。	

扫码了解更多

花期	1	2	3	4	5	6	7	8	9	10	11	12
果期	1	2	3	4	5	6	7	8	9	10	11	12

　　多年生草本；鳞茎卵状球形，鳞片宽披针形，白色。叶散生，线形，叶脉 3~7 条，边缘有小乳头状突起，两面无毛。花 1~5 朵，排成近伞形花序；花直立，星状开展，深红色，无斑点，有光泽；花被片矩圆状披针形，蜜腺具乳头状突起。蒴果矩圆形。

红色花

吉祥草	科　属：天门冬科　吉祥草属
Reineckea carnea	别　名：

生　境：生于阴湿山坡、山谷或密林处。

分　布：大石窑、猴沟、银虎沟、小湍河等林区。

扫码了解更多

花期	1	2	3	4	5	6	7	8	9	10	11	12
果期	1	2	3	4	5	6	7	8	9	10	11	12

　　多年生草本；茎蔓延地面，绿色，多节，顶端具叶簇。每簇有叶3~8枚，线形，先端渐尖，向下渐狭成柄，深绿色。花葶侧生，穗状花序，上部的花有时仅具雄蕊；花芳香，粉红色；裂片矩圆形，先端钝，稍肉质。浆果，熟时鲜红色。

益母草	**科　属**：唇形科　益母草属
Leonurus japonicus	**别　名**：

生　境：生于海拔 1 000m 以下的山坡草地、路旁。

分　布：各林区。

花期	1	2	3	4	5	6	7	8	9	10	11	12
果期	1	2	3	4	5	6	7	8	9	10	11	12

扫码了解更多

　　一或二年生草本；茎直立，四棱形，被糙伏毛。茎下部叶卵形，掌状 3 裂，裂片再分裂，表面有糙伏毛；茎中部叶菱形，较小，常 3 裂成矩圆形裂片。轮伞花序腋生，多花；花萼管状钟形，5 裂；花冠粉红色，外面有毛。小坚果长圆形，具 3 条棱，褐色，无毛。

多花木蓝

Indigofera amblyantha

扫码了解更多

科 属	豆科　木蓝属											
别 名：												
生 境：生于山坡灌丛或疏林中。												
分 布：各林区。												

花期	1	2	3	4	5	6	7	8	9	10	11	12
果期	1	2	3	4	5	6	7	8	9	10	11	12

　　落叶灌木；小枝密生白色丁字毛。奇数羽状复叶，小叶 7~11 枚，倒卵形，先端圆，有短尖，表面疏生丁字毛，背面毛较密；叶柄及小叶均密生丁字毛。总状花序腋生，较叶短，花密集；花冠淡红色，外面有丁字毛。荚果，棕褐色，有丁字毛；种子褐色，长圆形。

米口袋	科　属：豆科　米口袋属
Gueldenstaedtia verna	别　名：
生　境：生于山坡、丘陵、草地、沟边等处。	
分　布：各林区。	

扫码了解更多

花期	1	2	3	4	5	6	7	8	9	10	11	12
果期	1	2	3	4	5	6	7	8	9	10	11	12

　　多年生草本；茎缩短，丛生于根茎处。奇数羽状复叶，小叶11~21枚，椭圆形，先端圆，具细尖，两面有白色长柔毛；托叶三角形，有白色柔毛。伞形花序，有4~6朵花，总花梗与叶等长；萼钟状，有毛；花冠紫红色，旗瓣卵形，先端微凹，基部渐狭成爪。荚果圆筒状；种子肾形，具凹点，有光泽。

杜鹃

杜鹃	**科 属：**杜鹃花科 杜鹃花属
Rhododendron simsii	**别 名：**映山红

生 境：生于海拔 1 500m 以下的山坡灌丛或林中。

分 布：各林区。

花期	1	2	3	4	5	6	7	8	9	10	11	12
果期	1	2	3	4	5	6	7	8	9	10	11	12

扫码了解更多

　　落叶灌木；老枝灰黄色。春季叶纸质，夏季叶革质，单叶互生，卵形，全缘，表面疏生白色毛；叶柄短，密被糙伏毛。花 2~6 朵簇生于枝端，花梗短；花萼小，5 深裂；花冠漏斗状，红色，上方 3 枚裂片内面有暗红色斑点。蒴果卵圆形，密被糙伏毛。

翼萼凤仙花	科　属：凤仙花科　凤仙花属
Impatiens pterosepala	别　名：

生　境：生于山沟林下阴湿处。

分　布：京子垛、宝天曼、红寺河、猴沟等林区。

花期	1	2	3	4	5	6	7	8	9	10	11	12
果期	1	2	3	4	5	6	7	8	9	10	11	12

扫码了解更多

　　一年生草本；茎纤细，直立，有分枝。单叶互生，多集生于茎上部，卵形，先端渐尖，基部楔形，具2个球形腺体，边缘具圆锯齿，侧脉5~7对。总花梗腋生，中部以上有1枚披针形苞片，仅有1朵花，花淡红色；萼片2枚，长卵形，先端渐尖；旗瓣卵形，先端微凹，基部心形；翼瓣近无柄，2裂。蒴果线形。

黄水枝	科　属：虎耳草科　黄水枝属
Tiarella polyphylla	别　名：

生　境：生于海拔 1 000m 以上的林下阴湿处。

分　布：平坊、京子垛、宝天曼、许窑沟、猴沟、红寺河等林区。

扫码了解更多

花期	1	2	3	4	5	6	7	8	9	10	11	12
果期	1	2	3	4	5	6	7	8	9	10	11	12

　　多年生草本；根茎细长，深褐色；茎直立，细弱，被白色粗毛。基生叶有长柄；茎生叶 2~3 枚，具短柄，叶近心脏形，常 5 浅裂，基部心脏形，5 出脉，两面被毛；托叶褐色。总状花序顶生，疏生多花，被柔毛；花粉白色，小型；花瓣披针形，较萼片长。蒴果裂片不等大；种子肾形，紫褐色，有闪光。

落新妇	科　属：虎耳草科　落新妇属
Astilbe chinensis	别　名：

生　境：生于山谷溪旁或林缘。

分　布：各林区。

花期	1	2	3	4	5	6	7	8	9	10	11	12
果期	1	2	3	4	5	6	7	8	9	10	11	12

扫码了解更多

　　多年生草本；有粗根状茎。基生叶为二至三回三出羽状复叶，小叶卵形，基部圆形，两面沿脉生硬毛，边缘有重锯齿；托叶膜质，褐色；茎生叶2或3枚，较小。圆锥花序顶生，花序轴密被褐色长柔毛；花密集，花瓣5枚，紫红色，狭线形。蒴果；种子纺锤形，褐色。

红色花

蜀葵	科 属：锦葵科 蜀葵属
Alcea rosea	别 名：麻杆花
生 境：生于路边、村舍旁。	
分 布：各林区。	

花期	1	2	3	4	5	6	7	8	9	10	11	12
果期	1	2	3	4	5	6	7	8	9	10	11	12

扫码了解更多

　　二年生草本；茎枝密被刺毛。叶近圆心形，掌状 5~7 浅裂，裂片三角形，表面粗糙，两面均被毛，叶柄被长硬毛；托叶卵形，先端具 3 尖。花腋生，排成总状花序，具叶状苞片；小苞片杯状，常 6~7 裂，基部合生，密被毛；萼钟状，5 齿裂；花大，有红、紫等颜色，花瓣倒卵状三角形。果实盘状，被短柔毛。

圆叶锦葵		科　属：锦葵科　锦葵属			
Malva pusilla		别　名：			
生　境：生于荒野、草坡、路边等处。					
分　布：各林区。					

扫码了解更多

花期	1	2	3	4	5	6	7	8	9	10	11	12
果期	1	2	3	4	5	6	7	8	9	10	11	12

　　多年生草本；分枝多而常匍生，被粗毛。单叶互生，肾形，基部心形，边缘具细圆齿，两面均被毛；叶柄被星状柔毛；托叶小，卵形。花常3~4朵簇生于叶腋；小苞片3枚，披针形，被星状柔毛；花萼钟形，被星状柔毛，裂片5枚，三角状渐尖；花粉红色至白色，花瓣5枚，倒心形。果扁圆形；种子肾形。

红色花

半边莲	科　属：桔梗科　半边莲属
Lobelia chinensis	别　名：
生　境：生于沟边或潮湿处。	
分　布：银虎沟、万沟、蚂蚁沟、宝天曼等林区。	

花期	1	2	3	4	5	6	7	8	9	10	11	12
果期	1	2	3	4	5	6	7	8	9	10	11	12

扫码了解更多

　　多年生草本；具白色汁液，全株无毛；茎细柔平卧，节上生根。单叶互生，披针形，顶端急尖，边缘全缘。花单生叶腋；花萼筒倒锥形，基部渐狭成柄，裂片5枚，披针形；花冠粉红色，裂片5枚，偏于一侧，全部平展于下方，2侧裂片较长。蒴果2瓣裂。

88　河南宝天曼观花手册

魁蓟	科　属：菊科　蓟属
Cirsium leo	别　名：

生　境：生于海拔 600m 以上的山坡草地及灌丛中。

分　布：圣垛山、野獐、南阴坡、宝天曼、平坊等林区。

花期	1	2	3	4	5	6	7	8	9	10	11	12
果期	1	2	3	4	5	6	7	8	9	10	11	12

扫码了解更多

　　多年生草本；茎直立，多分枝，有纵棱。单叶互生，基生叶在花期枯萎；中部叶无叶柄，披针形，先端渐尖，具刺尖头，基部稍抱茎，边缘具小刺，羽状裂；上部叶渐小。头状花序单生枝端，直立；总苞宽钟状，被蛛丝状毛；总苞片多层，边缘具小刺；花红紫色。果实长椭圆形；冠毛污白色，羽毛状。

红色花

扫码了解更多

牛蒡	科 属：菊科 牛蒡属
Arctium lappa	别 名：

生　境：生于山坡、河滩草地、路旁等处。

分　布：各林区。

花期	1	2	3	4	5	6	7	8	9	10	11	12
果期	1	2	3	4	5	6	7	8	9	10	11	12

　　二年生草本；茎直立，紫色，上部多分枝。单叶互生，基生叶丛生，具长柄；中部叶宽卵形，上部叶渐小，先端钝圆，基部心形，边缘波状或具细锯齿，背面密被茸毛，叶脉在背面凸起。头状花序丛生或排列成伞房状；总苞球形，总苞片披针形；花筒状，淡红色。果实呈三棱状，灰黑色，表面具斑点。

漏芦

Rhaponticum uniflorum

科　属：菊科　漏芦属
别　名：

生　境：生于海拔 1 500m 以下的山坡、草地及灌丛中。

分　布：银虎沟、红寺河、南阴坡、万沟等林区。

扫码了解更多

花期	1	2	3	4	5	6	7	8	9	10	11	12
果期	1	2	3	4	5	6	7	8	9	10	11	12

　　多年生草本；茎直立，不分枝，单生或数个丛生，具条纹。基部叶大，具长柄，长椭圆形，羽状裂，裂片长圆形，边缘具不规则的齿，两面被软毛；中部叶较小，叶柄较短。头状花序，总苞宽钟形，基部凹；花淡红色，花冠细长筒状。果实倒圆锥形，先端平截，具 4 条棱。

尼泊尔蓼	科　属：蓼科　蓼属
Persicaria nepalensis	别　名：
生　境：生于山坡草地、山谷路旁。
分　布：各林区。

扫码了解更多

花期	1	2	3	4	5	6	7	8	9	10	11	12
果期	1	2	3	4	5	6	7	8	9	10	11	12

　　一年生草本；茎斜上，自基部多分枝。单叶互生，茎下部叶卵形，基部宽楔形，沿叶柄下延成翅，疏生黄色透明腺点；托叶鞘筒状，膜质，淡褐色，基部具刺毛。花序头状，顶生或腋生，基部具1枚叶状总苞片；花被4裂，淡紫红色或白色。瘦果宽卵形，黑色，包于宿存花被内。

领春木

Euptelea pleiosperma

科　属：领春木科　领春木属
别　名：

生　境：生于海拔 1 000m 以上的山谷杂木林中。

分　布：各林区。

扫码了解更多

花期	1	2	3	4	5	6	7	8	9	10	11	12
果期	1	2	3	4	5	6	7	8	9	10	11	12

　　落叶乔木；小枝暗灰褐色，无毛。单叶互生，卵形，先端渐尖，基部楔形，边缘具疏锯齿，近基部全缘，两面无毛，侧脉 6~11 对；叶柄长 2~5cm。花 6~12 朵簇生，红色，苞片椭圆形，早落；花药红色，比花丝长。翅果，棕色；种子 1~3 粒，卵形，黑色。

鼠掌老鹳草	科　属：牻牛儿苗科　老鹳草属
Geranium sibiricum	别　名：

生　境：生于山坡林缘、灌丛中。

分　布：大块地、猴沟、万沟、银虎沟、大石窑、红寺河、宝天曼等林区。

花期	1	2	3	4	5	6	7	8	9	10	11	12
果期	1	2	3	4	5	6	7	8	9	10	11	12

扫码了解更多

　　多年生草本；茎细长，倒伏，上部斜向上，多分枝。单叶对生，基生叶与茎生叶同形，宽肾状五角形，掌状5深裂，裂片披针形，两面均被毛；基生叶和下部茎生叶有长柄，顶部的叶柄短。花单个腋生，花梗线状；萼片披针形，边缘膜质；花瓣淡红色，与萼片近等长。蒴果，有微柔毛。

大火草	科　属：毛茛科　银莲花属
Anemone tomentosa	别　名：野棉花
生　境：	生于山坡草地、灌丛或山谷溪旁。
分　布：	大石窑、葛条爬、猴沟、京子垛、牛心垛、湍源、许窑沟、宝天曼等林区。

花期	1	2	3	4	5	6	7	8	9	10	11	12
果期	1	2	3	4	5	6	7	8	9	10	11	12

　　多年生草本；基生叶 3~4 枚，为三出复叶，小叶卵形，3 裂，边缘具粗锯齿，表面有短伏毛，背面密生白色茸毛；叶柄长 16~48cm，有白色茸毛。花葶高 40~120cm，密生短茸毛；总苞片 3 枚，叶状；聚伞花序，二至三回分枝；萼片 5 枚，粉红色或白色。聚合果球形，密生茸毛。

武当玉兰	科　属：木兰科　玉兰属
Yulania sprengeri	别　名：
生　境：生于海拔 1 200m 以上的山林间或灌丛中。	
分　布：红寺河、猴沟、宝天曼等林区	

花期	1	2	3	4	5	6	7	8	9	10	11	12
果期	1	2	3	4	5	6	7	8	9	10	11	12

扫码了解更多

　　落叶乔木；树皮灰褐色，老干皮呈小块片状脱落，小枝无毛。单叶互生，倒卵形，先端急尖，基部楔形，托叶痕细小。花蕾直立，被灰黄色绢毛，花先叶开放，杯状，芳香，花被片 12 枚，外面玫瑰红色，有深紫色纵纹，倒卵状匙形。蓇葖果扁圆，成熟时褐色。

六月雪

Serissa japonica

科　属：	茜草科　白马骨属
别　名：	

生　境：生于山坡灌丛中或林下。

分　布：大石窑、大块地等林区。

扫码了解更多

花期	1	2	3	4	5	6	7	8	9	10	11	12
果期	1	2	3	4	5	6	7	8	9	10	11	12

　　常绿小灌木；枝粗壮，灰白色，嫩枝被柔毛。单叶对生，常聚生于小枝上部，具短柄，近革质，狭椭圆形，先端急尖，基部渐狭至叶柄，全缘，侧脉3~4对。花数朵簇生于枝端或叶腋；花萼5裂，裂片披针形，宿存；花冠淡红白色，长约1cm，檐部5裂。果实球形。

红色花

三叶海棠	科　属：蔷薇科　苹果属
Malus toringo	别　名：
生　境：生于山坡杂木林中。	
分　布：平坊、宝天曼、红寺河、银虎沟、牧虎顶等林区。	

扫码了解更多

花期	1	2	3	4	5	6	7	8	9	10	11	12
果期	1	2	3	4	5	6	7	8	9	10	11	12

　　落叶灌木或小乔木；小枝稍有棱角，暗紫色。单叶互生，椭圆形，先端急尖，边缘有尖锐锯齿，部分叶常 3 裂，背面沿脉有柔毛；叶柄长约 3cm，被柔毛。伞形花序有 4~8 朵花，花粉红色；萼筒外面近无毛，裂片三角状卵形，里面密被茸毛。果实近球形，红色。

华西蔷薇	科　属：蔷薇科　蔷薇属
Rosa moyesii	别　名：

生　境：生于海拔 1 500m 以上的山坡、山谷林下或灌丛中。

分　布：平坊、宝天曼、银洞尖、高庙岭、圣垛山、许窑沟、白草尖、万沟等林区。

扫码了解更多

花期	1	2	3	4	5	6	7	8	9	10	11	12
果期	1	2	3	4	5	6	7	8	9	10	11	12

　　落叶灌木；茎有散生成对基部宽大的刺。奇数羽状复叶，小叶 7~13 枚，卵形，先端急尖，边缘有锯齿；叶柄和叶轴散生刺、柔毛和腺毛；托叶大部附着于叶柄上。花单生或 2~3 朵花簇生，有苞片 1~3 枚，卵形；花深红色，花瓣倒卵形。蔷薇果长圆状卵形，深红色，有刺状腺毛。

钝叶蔷薇	科　属：蔷薇科　蔷薇属
Rosa sertata	别　名：

生　境：	生于海拔 1 000m 以上的山坡、山谷灌丛或林下。
分　布：	平坊、宝天曼、蚂蚁沟、许窑沟、野獐、大块地、南阴坡等林区。

扫码了解更多

花期	1	2	3	4	5	6	7	8	9	10	11	12
果期	1	2	3	4	5	6	7	8	9	10	11	12

　　落叶灌木；枝有直立细刺。奇数羽状复叶，小叶 7~11 枚，小叶宽椭圆形，先端钝，边缘有锐锯齿，背面灰绿色；叶柄和叶轴疏生腺毛和小刺，托叶宽大。花单生或数朵聚生，苞片叶状，有腺齿；花红色，萼裂片卵状披针形，全缘，花瓣倒卵形。蔷薇果卵形，深红色，有宿存萼裂片。

插田藨	科　属：蔷薇科　悬钩子属		
Rubus coreanus	别　名：插田泡		
生　境：生于海拔 1 500m 以下的山坡灌丛或山谷路旁、河边。			
分　布：各林区。			

花期	1	2	3	4	5	6	7	8	9	10	11	12
果期	1	2	3	4	5	6	7	8	9	10	11	12

扫码了解更多

　　落叶灌木；枝粗壮，红褐色，被白粉，有粗壮钩刺。奇数羽状复叶，小叶常 5 枚，卵形，先端急尖，边缘有不整齐粗锯齿，表面无毛，背面被疏柔毛；顶生小叶具叶柄，侧生小叶近无柄。伞房花序生侧枝顶端，总花梗、花梗和萼裂片均被毛；花粉红色，花瓣紧贴雄蕊。聚合果近球形，红色或紫黑色。

红色花

茅莓	科　属：蔷薇科　悬钩子属
Rubus parvifolius	别　名：

生　境：生于向阳的山谷路旁或山坡林下。

分　布：猴沟、宝天曼、平坊、南阴坡、万沟、大块地、七里沟等林区。

扫码了解更多

花期	1	2	3	4	5	6	7	8	9	10	11	12
果期	1	2	3	4	5	6	7	8	9	10	11	12

　　落叶灌木；茎有稀疏针刺，小枝被短柔毛和细刺。奇数羽状复叶，小叶 3 枚，侧生小叶近无柄，斜椭圆形，较小，边缘具不整齐粗锯齿，背面被白色茸毛，侧脉 4~6 对；托叶线形，被柔毛。伞房花序顶生，被柔毛和细刺；花粉红色，萼裂片披针形，两面均被毛；花瓣宽倒卵形。聚合果球形，红色。

水枸子	科　属：蔷薇科　枸子属
Cotoneaster multiflorus	别　名：

生　境：生于海拔 1 000m 以上的山坡林缘或灌丛中。

分　布：平坊、宝天曼、五岈子、大块地、南阴坡等林区。

扫码了解更多

花期	1	2	3	4	5	6	7	8	9	10	11	12
果期	1	2	3	4	5	6	7	8	9	10	11	12

　　落叶灌木；小枝红褐色。单叶互生，卵形，先端急尖，基部宽楔形，背面幼时有柔毛，后光滑；叶柄长约 1cm。伞房花序有 6~20 朵花，总花梗和花梗无毛；萼筒外面无毛，裂片三角形，两面均无毛；花瓣近圆形，淡红色。果实球形，红色，常有 2 个小核。

红色花

尾叶樱桃	科　属：蔷薇科　李属
Prunus dielsiana	别　名：

生　境：生于山坡或山沟疏林中。

分　布：各林区。

花期	1	2	3	4	5	6	7	8	9	10	11	12
果期	1	2	3	4	5	6	7	8	9	10	11	12

扫码了解更多

　　落叶灌木或小乔木；小枝褐色，无毛；有顶芽，侧芽单生。单叶互生，长圆状倒卵形，先端尾状渐尖，边缘有尖锐锯齿，表面无毛，背面沿脉具柔毛；叶柄长约1cm，有1~3个腺体。花先叶开放，3~5朵，呈伞形花序，苞片叶状，宽卵形，边缘具腺齿；花粉红色，宽椭圆形。核果球形，红色；核平滑。

秋海棠	科 属：秋海棠科 秋海棠属		
Begonia grandis	别 名：		
生 境：生于山沟、溪旁阴湿处。			
分 布：各林区。			

扫码了解更多

	1	2	3	4	5	6	7	8	9	10	11	12
花期	1	2	3	4	5	6	7	8	9	10	11	12
果期	1	2	3	4	5	6	7	8	9	10	11	12

　　多年生草本；茎粗壮，多分枝，光滑，叶腋生株芽。茎生叶互生，
具长柄，宽卵形，先端渐尖，基部心形，偏斜，边缘呈尖波浪状，有
细尖牙齿，背面和叶柄均带紫红色。聚伞花序腋生，花大，淡红色；
雄花花被片 4 个，雌花花被片 5 个。蒴果，有 3 翅，常 1 个翅较大。

红色花

蒲梗花	科　属：忍冬科　糯米条属
Abelia uniflora	别　名：
生　境：生于海拔 1 700m 以下的沟边、灌丛、山坡林下或林缘。	
分　布：各林区。	

扫码了解更多

花期	1	2	3	4	5	6	7	8	9	10	11	12
果期	1	2	3	4	5	6	7	8	9	10	11	12

　　落叶灌木；幼枝红褐色，被短柔毛。单叶对生，圆卵形，顶尖渐尖，基部楔形，边缘具疏锯齿，两面疏被柔毛。花单生与侧生短枝顶端叶腋，由未伸长的带叶花枝构成聚伞花序状；萼筒细长，萼檐 2 裂；花冠红色，狭钟形，5 裂。果实长圆柱形，冠以 2 枚宿存萼裂片。

简鞘蛇菰 | 科 属：蛇菰科 蛇菰属
Balanophora involucrata | 别 名：

生 境：寄生于山坡或山沟木本植物根上。

分 布：野獐、猴沟、蚂蚁沟等林区。

花期	1	2	3	4	5	6	7	8	9	10	11	12
果期	1	2	3	4	5	6	7	8	9	10	11	12

扫码了解更多

多年生寄生肉质草本；根状茎肥厚，近球形，黄色，表面有浅色小疣点。花茎红色或带黄色，中部具 1 总苞状鞘；鞘筒状，上部稍大，3~5 裂。花单性，粉红色，多为雌雄同株，呈顶生穗状花序；雄花生于花序基部，有小花梗，具 2~6 朵花被裂片；雌花无花被，子房具长柄。果坚果状。

红色花

剪秋罗	科　属：石竹科　蝇子草属
Silene fulgens	别　名：

生　境：生于山谷林下阴湿处。

分　布：牧虎顶、白草尖、野獐、五岈子、宝天曼、平坊、红寺河等林区。

扫码了解更多

	1	2	3	4	5	6	7	8	9	10	11	12
花期	1	2	3	4	5	6	7	8	9	10	11	12
果期	1	2	3	4	5	6	7	8	9	10	11	12

　　多年生草本；全株密生细毛；根簇生，肉质。单叶对生，卵形，先端尖，边缘密生细齿；叶无柄。疏松聚伞花序，苞片狭披针形，斜上；萼棍棒形，散生柔毛，5齿裂；花瓣橘红色，顶端中裂，边缘流苏状分裂。蒴果长卵形，5裂；种子肾形，黑褐色。

石竹	科　属：石竹科　石竹属
Dianthus chinensis	别　名：

生　境：生于向阳山坡草地、灌丛或石缝中。

分　布：京子垛、五岈子、蚂蚁沟、白草尖、红寺河、银虎沟等林区。

花期	1	2	3	4	5	6	7	8	9	10	11	12
果期	1	2	3	4	5	6	7	8	9	10	11	12

　　多年生草本；茎簇生，直立，无毛。单叶对生，线形，先端尖，具3~5条脉，无毛。花顶生于分叉的枝端，单生或对生；苞片4~6个，叶状，与萼等长；萼筒圆筒形，顶端5齿裂；花瓣5枚，鲜红色、白色或粉红色，先端具不整齐齿裂，喉部有深紫色斑纹。蒴果矩圆形；种子卵形，黑色。

红色花

瞿麦	科　属：石竹科　石竹属
Dianthus superbus	别　名：
生　境：生于山坡灌丛、草地或石缝中。	
分　布：银虎沟、红寺河、南阴坡、万沟、牛心垛、宝天曼、平坊等林区。	

扫码了解更多

花期	1	2	3	4	5	6	7	8	9	10	11	12
果期	1	2	3	4	5	6	7	8	9	10	11	12

　　多年生草本；茎簇生，直立，上部叉状分枝。单叶对生，线形，先端尖，具3~5条脉，无毛。花顶生于分叉的枝端，单生或对生；苞片4~6个，叶状；花瓣5枚，鲜红色、白色或粉色，先端有不整齐齿状，喉部有深紫色斑纹。蒴果矩圆形；种子灰黑色，卵形，有狭翅。

鹤草		科　属：石竹科　蝇子草属
Silene fortunei		别　名：
生　境：生于林缘、灌丛或草地。		
分　布：葛条爬、大石窑、平坊、南阴坡、万沟、大块地、 　　　　七里沟等林区。		

扫码了解更多

花期	1	2	3	4	5	6	7	8	9	10	11	12
果期	1	2	3	4	5	6	7	8	9	10	11	12

　　多年生草本；茎簇生，直立，疏生柔毛。基生叶匙状披针形，茎生叶线状披针形，先端锐尖，基部渐狭如细柄。聚伞花序顶生，总花梗上部有黏液；萼筒膜质，细管状，无毛；花瓣5枚，粉红色或白色，基部有爪，先端2裂，裂片有不整齐细裂。蒴果矩圆形，顶端6裂；种子有瘤状突起。

红色花

陌上菜	科　属：母草科　陌上菜属
Lindernia procumbens	别　名：
生　境：生于海拔 1 200m 以下的田埂、水边。	
分　布：大块地、野獐、小湍河等林区。	

扫码了解更多

花期	1	2	3	4	5	6	7	8	9	10	11	12
果期	1	2	3	4	5	6	7	8	9	10	11	12

　　一年生直立草本；茎基部多分枝，无毛。单叶对生，无柄，长圆形，顶端钝，全缘或具不明显钝齿，两面无毛，掌状脉 3~5 条。花单生于叶腋，花梗纤细，比叶长，无毛；花冠红色，上唇直立，2 浅裂，下唇开展，3 裂；雄蕊 4 个。蒴果卵圆形；种子多数，有格纹。

旋花	科　属：旋花科　打碗花属		
Calystegia sepium	别　名：		
生　境：生于海拔 1 500m 以下的山坡、荒地、路旁。			
分　布：葛条爬、平坊、宝天曼、野獐、五岈子等林区。			

花期	1	2	3	4	5	6	7	8	9	10	11	12
果期	1	2	3	4	5	6	7	8	9	10	11	12

扫码了解更多

　　多年生草本；全株无毛；茎缠绕，有棱，多分枝。单叶互生，三角状卵形，基部箭形，有浅裂片；叶柄较叶片略短。花单生于叶腋，花梗长，有棱；萼片卵圆状披针形，先端渐尖；花冠漏斗形，粉红色，有不明显的 5 浅裂。蒴果球形，无毛；种子卵状三棱形，无毛。

射干	**科 属:** 鸢尾科 射干属
Belamcanda chinensis	**别 名:**
生 境:	生于海拔 1 200m 以下的林缘、山坡草地或疏林中。
分 布:	各林区。

扫码了解更多

花期	1	2	3	4	5	6	7	8	9	10	11	12
果期	1	2	3	4	5	6	7	8	9	10	11	12

　　多年生草本；具根状茎。单叶互生，嵌叠状排列，剑形，基部鞘状抱茎，顶端渐尖，无中脉。花序顶生，叉状分枝；花橙红色，散生紫褐色斑点；花被裂片 6 枚，2 轮，外轮花被裂片，倒卵形，内轮略短而狭。蒴果倒卵形，成熟时开裂；种子圆球形，黑紫色，有光泽。

臭檀吴萸

Tetradium daniellii

科　属：芸香科　吴茱萸属

别　名：

生　境：生于山坡疏林中。

分　布：各林区。

花期	1	2	3	4	5	6	7	8	9	10	11	12
果期	1	2	3	4	5	6	7	8	9	10	11	12

扫码了解更多

　　落叶乔木；树皮暗灰色，枝灰色，近无毛。奇数羽状复叶，小叶5~11枚，纸质，卵圆形，边缘有细钝裂齿；小叶柄较短，顶生小叶柄长3cm。伞房状聚伞花序，顶生；苞片对生，生于花轴基部，常为小叶状；花粉红色，萼5裂，广卵形；花瓣5枚，长圆形。蓇葖果，紫红色；种子黑色，有光泽。

茜草	科 属：茜草科 茜草属
Rubia cordifolia	别 名：
生 境：生于灌丛、林下、路旁草丛、山谷、河边、荒地。	
分 布：各林区。	

扫码了解更多

花期	1	2	3	4	5	6	7	8	9	10	11	12
果期	1	2	3	4	5	6	7	8	9	10	11	12

　　草质攀缘草本；茎粗糙，具4条棱，棱上倒生皮刺。叶纸质，4枚轮生，卵形，基部心形，全缘，边缘具倒刺，基出脉3~5条。聚伞花序顶生或腋生，组成圆锥花序；小苞片披针形，花梗短，花萼筒近球形；花冠黄色，辐状，边缘具缘毛。浆果近球形，平滑，紫黑色。

少花万寿竹	科　属：秋水仙科　万寿竹属
Disporum uniflorum	别　名：宝铎草

生　境：生于海拔 500m 以上的林下或灌丛中。

分　布：白草尖、蚂蚁沟、五岈子、牧虎顶、宝天曼、平坊、大石窑、红寺河等林区。

扫码了解更多

花期	1	2	3	4	5	6	7	8	9	10	11	12
果期	1	2	3	4	5	6	7	8	9	10	11	12

　　多年生草本；根状茎肉质，横生，茎直立，上部具叉状分枝。单叶互生，纸质，矩圆形，近无柄，背面色淡，脉上和边缘有突起。花黄白色，1~5 朵着生于分枝顶端；花被片披针形，雄蕊内藏，花柱 3 裂。浆果椭圆形；具 3 粒种子，种子深棕色。

黄色花

萱草	科 属：阿福花科　萱草属
Hemerocallis fulva	别 名：黄花菜
生 境：生于山沟湿润处。	
分 布：各林区。	

花期	1	2	3	4	5	6	7	8	9	10	11	12
果期	1	2	3	4	5	6	7	8	9	10	11	12

扫码了解更多

　　多年生草本；具短根状茎和肉质块根。叶基生，排成两列，线形，背面呈龙骨状突起。花葶粗壮，花序半圆锥状，有 6~12 朵花；花橘黄色，裂片长圆形，开展，内轮 3 片有 "V" 形彩斑，盛开时反曲；雄蕊伸出，上弯，比裂片短。蒴果矩圆形。

过路黄	科　属：报春花科　珍珠菜属
Lysimachia christinae	别　名：

生　境：生于海拔 500m 以上的山坡荒地、路旁或沟边。

分　布：各林区。

花期	1	2	3	4	5	6	7	8	9	10	11	12
果期	1	2	3	4	5	6	7	8	9	10	11	12

　　多年生草本；被柔毛，茎单生，平卧匍匐状。单叶对生，宽卵形，先端急尖，全缘，两面有黑色腺条；叶柄长 1~3cm。花成对腋生；花萼 5 深裂，裂片线状披针形，背面扁平，有黑色腺条；花黄色，长为花萼的 2 倍。蒴果球形，有黑色腺条。

大戟	科　属：大戟科　大戟属		
Euphorbia pekinensis	别　名：		
生　境：生于山坡、草丛、林缘及疏林中。			
分　布：各林区。			

花期	1	2	3	4	5	6	7	8	9	10	11	12
果期	1	2	3	4	5	6	7	8	9	10	11	12

扫码了解更多

　　多年生草本；根圆柱状，茎直立，被白色短柔毛，上部分枝。单叶互生，近无柄，长圆状披针形，先端钝圆，全缘，背面稍被白粉。花序单生于二歧分枝顶端，无柄；总苞杯状，黄色，边缘4裂。蒴果球状，表面具瘤状突起，花柱宿存且易脱落；种子卵形，暗褐色，光滑。

云实	科　属：豆科　云实属
Biancaea decapetala	别　名：

生　境：生于山坡灌丛或山间河旁。

分　布：牧虎顶、白草尖、野獐、五岈子等林区。

扫码了解更多

花期	1	2	3	4	5	6	7	8	9	10	11	12
果期	1	2	3	4	5	6	7	8	9	10	11	12

　　落叶攀缘灌木；茎密生钩状刺，幼枝密生短柔毛。二回羽状复叶，羽片 6~8 对，小叶 6~9 对，长椭圆形，先端圆，微凹，基部圆形，稍偏斜。总状花序，顶生；花梗细，长约 3cm；花黄色，花丝下部密生绵毛。荚果长椭圆形，扁平，先端圆，有喙；种子 6~9 粒。

黄色花

绿叶胡枝子	科 属：豆科　胡枝子属		
Lespedeza buergeri	别 名：		
生 境：生于山坡灌丛或疏林下。			
分 布：宝天曼、红寺河、七里沟、南阴坡等林区。			

扫码了解更多

花期	1	2	3	4	5	6	7	8	9	10	11	12
果期	1	2	3	4	5	6	7	8	9	10	11	12

　　落叶灌木；幼枝具柔毛。三出羽状复叶，小叶3枚，卵状椭圆形，先端急尖，有短尖头，边缘波浪状，背面有柔毛。总状花序腋生，上部呈圆锥状；花萼钟状，萼齿披针形，有短柔毛；花冠黄或白色，旗瓣和翼瓣基部常带紫色，龙骨瓣长于旗瓣。荚果长圆状卵形，有网脉和柔毛。

山黑豆	科　属：豆科　山黑豆属
Dumasia truncata	别　名：

生　境：生于山坡灌丛、林缘、山谷溪旁或疏林中。

分　布：猴沟、蚂蚁沟、牛心垛、五岈子、阎王鼻等林区。

扫码了解更多

花期	1	2	3	4	5	6	7	8	9	10	11	12
果期	1	2	3	4	5	6	7	8	9	10	11	12

　　多年生缠绕草本；根粗长，黄白色；茎无毛。羽状三出复叶，小叶长卵形，先端长渐尖，基部截形，两面光滑无毛；托叶披针形，无毛。花黄色，总状花序腋生，有长总梗，无毛；旗瓣有尖耳。荚果成熟时带紫色，无毛；种子3~5粒，扁球形，黑褐色。

锦鸡儿	科 属：豆科 锦鸡儿属
Caragana sinica	别 名：
生 境：生于山坡、沟边。	
分 布：宝天曼、红寺河、银虎沟、牧虎顶等林区。	

扫码了解更多

花期	1	2	3	4	5	6	7	8	9	10	11	12
果期	1	2	3	4	5	6	7	8	9	10	11	12

　　落叶灌木；小枝有棱角，无毛。偶数羽状复叶，小叶4枚，上面2枚小叶常较大，倒卵形，先端圆，有刺尖，无毛；托叶三角形，常硬化为刺；叶轴脱落或变为刺状宿存。花单生，花梗中部有关节；花冠黄色带红色，凋落时褐红色。荚果，稍扁，无毛。

	科　属：锦葵科　扁担杆属
扁担杆	
Grewia biloba	别　名：

生　境：生于低山路旁、灌丛及疏林中。

分　布：银虎沟、红寺河、南阴坡、万沟、葛条爬、
五岈子、湍源等林区。

扫码了解更多

花期	1	2	3	4	5	6	7	8	9	10	11	12
果期	1	2	3	4	5	6	7	8	9	10	11	12

　　落叶灌木；多分枝，小枝被星状毛。单叶互生，椭圆形，先端锐尖，
基部楔形，两面近无毛，基部三出脉，侧脉3~5对，边缘具细锯齿；
叶柄较短。聚伞花序腋生，多花，花淡黄色；子房有毛。核果橙红色，
无毛，具2~4个分核。

水金凤	科　属：凤仙花科　凤仙花属
Impatiens noli-tangere	别　名：
生　境：生于山沟林缘、草地或沟溪潮湿处。	
分　布：各林区。	

花期	1	2	3	4	5	6	7	8	9	10	11	12
果期	1	2	3	4	5	6	7	8	9	10	11	12

扫码了解更多

　　一年生草本；茎直立，有分枝。单叶互生，卵形，叶质薄而软，先端钝，边缘具粗锯齿，无毛；上部叶近无柄，下部叶叶柄较长。总花梗腋生，具2~3朵花；花梗纤细，下垂；花大，黄色，喉部常有红色斑点；旗瓣圆形，先端有小喙，背部中肋有龙骨突起。蒴果狭长圆形，两端尖，无毛。

海金子	科　属：海桐科　海桐属
Pittosporum illicioides	别　名：

生　境：生于向阳山坡、沟谷、溪旁。

分　布：宝天曼、许窑沟、猴沟、蚂蚁沟、红寺河等林区。

扫码了解更多

花期	1	2	3	4	5	6	7	8	9	10	11	12
果期	1	2	3	4	5	6	7	8	9	10	11	12

　　常绿灌木；嫩枝无毛，老枝有皮孔。叶生于枝顶，3~8 枚簇生，呈假轮生状，薄革质，倒卵状披针形，基部窄楔形，常向下延，背面无毛；侧脉 6~8 对。伞形花序顶生，有黄色花 2~10 朵；花梗纤细，无毛，常向下弯；苞片细小，早落；萼片卵形，先端钝，无毛。蒴果近圆形，3 片裂开。

崖花子	科 属：海桐科 海桐属
Pittosporum truncatum	别 名：

生 境：生于山坡或山谷杂木林中。

分 布：宝天曼、许窑沟、猴沟、红寺河等林区。

花期	1	2	3	4	5	6	7	8	9	10	11	12
果期	1	2	3	4	5	6	7	8	9	10	11	12

扫码了解更多

　　常绿灌木；小枝圆形，呈轮生状。叶聚生枝端，革质，菱状倒卵形，先端突尾状尖，基部渐狭，全缘或微波状；叶柄具柔毛。花黄色，近顶生伞房花序；花梗细，有短柔毛；苞片披针形，膜质；萼片5枚，卵形；花瓣5枚，中部以下合生。蒴果近球形，2瓣裂，果皮革质；种子多数，小型，红色。

化香树	科　属：胡桃科　化香树属
Platycarya strobilacea	别　名：
生　境：生于山坡。	
分　布：各林区。	

花期	1	2	3	4	5	6	7	8	9	10	11	12
果期	1	2	3	4	5	6	7	8	9	10	11	12

扫码了解更多

　　落叶乔木；奇数羽状复叶，小叶 5~19 枚，卵状披针形，基部圆，稍偏斜，边缘有重锯齿，顶生小叶具小叶柄，背面脉腋有毛。花序聚生于当年生枝顶；雄花总花梗密生褐色茸毛，黄色苞片披针形；雌花序苞片宽卵形，黄色。果序卵状椭圆形，暗褐色；果鳞披针形；小坚果扁平，圆形，具 2 狭翅。

斑赤瓟		科　属：葫芦科　赤瓟属
Thladiantha maculata		别　名：

生　境：生于海拔 600m 以上的沟谷和林下。

分　布：各林区。

花期	1	2	3	4	5	6	7	8	9	10	11	12
果期	1	2	3	4	5	6	7	8	9	10	11	12

扫码了解更多

　　多年生草质藤本；茎、枝细弱有棱，卷须纤细单一。单叶互生，膜质，卵状宽心形，边缘有小齿，两面有毛；叶柄细长。雌雄异株；雄花序总状，常具 3~6 朵花，花萼 5 裂，花冠黄色；雌花单生，花萼裂片线状钻形。果实纺锤形，橘红色，顶端具喙；种子窄卵形，两面明显隆起。

赤瓟 *Thladiantha dubia*	**科　属**：葫芦科　赤瓟属 **别　名**：

生　境：生于山坡林下或草丛、沟谷等处。

分　布：各林区。

花期	1	2	3	4	5	6	7	8	9	10	11	12
果期	1	2	3	4	5	6	7	8	9	10	11	12

扫码了解更多

　　多年生攀缘草本；茎具纵棱，卷须与叶对生。单叶互生，广卵形，顶端锐尖，两面粗糙，脉上有长硬毛，叶柄较长。雌雄异株，雄花生于短枝上端呈总状花序，花冠黄色钟状；雌花单生于叶腋，无苞片。瓠果卵状长圆形，具 10 条纵纹，熟时鲜红色；种子卵形，黑色。

中国旌节花	科 属：旌节花科 旌节花属		
Stachyurus chinensis	别 名：		
生 境：生于海拔 1 300m 以下的山谷、沟溪、林中或林缘。			
分 布：各林区。			

扫码了解更多

花期	1	2	3	4	5	6	7	8	9	10	11	12
果期	1	2	3	4	5	6	7	8	9	10	11	12

　　落叶灌木；树皮光滑，紫褐色；幼枝紫红色，老枝深棕色，无毛。单叶互生，纸质，卵形，顶端渐尖，基部阔楔形，边缘有稀疏锯齿，齿尖向外开展，叶脉在背面凸起，侧脉 5~7 对；叶柄长约 2cm，暗红色。穗状花序下垂，花多数；花黄色，子房长卵形。浆果，近球形。

费菜	科　属：景天科　费菜属
Phedimus aizoon	别　名：
生　境：生于海拔 1 000m 以上的山沟阴湿处。	
分　布：各林区。	

花期	1	2	3	4	5	6	7	8	9	10	11	12
果期	1	2	3	4	5	6	7	8	9	10	11	12

扫码了解更多

　　多年生草本；根状茎粗而木质化，上部分枝。单叶互生，倒披针形，先端钝，基部渐狭，上部边缘有钝锯齿，近无柄。聚伞花序顶生，萼片 5 枚，披针形；花瓣 5 枚，橙黄色；雄蕊 10 个，长与花瓣近等。蓇葖果星芒状；种子倒卵形，褐色。

堪察加费菜	科　属：景天科　费菜属	
Phedimus kamtschaticus	别　名：	
生　境：生于山坡灌丛及山谷杂木林下阴湿处。		
分　布：各林区。		

扫码了解更多

花期	1	2	3	4	5	6	7	8	9	10	11	12
果期	1	2	3	4	5	6	7	8	9	10	11	12

　　多年生草本；根状茎粗，木质，分枝。单叶互生，倒披针形，先端圆钝，下部渐狭，上部边缘有疏锯齿。聚伞花序顶生，花瓣5枚，黄色，披针形，先端渐尖，有短尖头，背面有龙骨状突起。蓇葖果上部星芒状水平横展，腹面作浅囊状突起；种子细小，倒卵形，褐色。

大苞景天	**科　属：**景天科　景天属
Sedum oligospermum	**别　名：**

生　境：生于海拔 1 000m 以上的山谷林下阴湿岩石上或沟边。

分　布：牧虎顶、白草尖、野獐、五岈子等林区。

扫码了解更多

花期	1	2	3	4	5	6	7	8	9	10	11	12
果期	1	2	3	4	5	6	7	8	9	10	11	12

　　一年生草本；茎肉质，粗壮，带紫红色，光亮且呈透明状。单叶互生，最上部的 3 枚轮生，下部叶常脱落，菱状椭圆形，先端钝，基部渐狭成一假叶柄，全缘。花序聚伞状，3 歧，下部常聚生数个叶状苞片；花瓣 5 枚，绿黄色，长圆形。蓇葖果上部略叉开；种子 1~2 粒。

黄色花

垂盆草	科　属：景天科　景天属
Sedum sarmentosum	别　名：

生　境：生于低山阴湿的岩石上。

分　布：各林区。

扫码了解更多

花期	1	2	3	4	5	6	7	8	9	10	11	12
果期	1	2	3	4	5	6	7	8	9	10	11	12

　　多年生草本；全株无毛；不育茎匍匐，节上生纤维状根。叶 3 枚轮生，倒披针形，先端急尖，基部狭而有距，全缘，无柄。花序聚伞状，有分枝；花少数，无柄；花瓣 5 枚，黄色，披针形，先端有短尖；雄蕊 10 个，2 轮，较花瓣短。蓇葖果叉开，种子卵圆形。

扫码了解更多

佛甲草	科　属：景天科　景天属
Sedum lineare	别　名：

生　境：生于低山阴湿处或石缝中。

分　布：宝天曼、平坊、五岈子、大块地、南阴坡等林区。

花期	1	2	3	4	5	6	7	8	9	10	11	12
果期	1	2	3	4	5	6	7	8	9	10	11	12

　　多年生草本；全株无毛；茎肉质，不育茎斜上；基部节上生纤维状根。叶常 3 枚轮生，线形，先端尖，基部有距，无柄。聚伞状花序顶生，中心有 1 朵具短梗的花，花序分枝上的花无梗；萼片 5 枚，狭披针形；花瓣 5 枚，黄色，卵状狭披针形。蓇葖果略叉开；种子卵圆形，具小乳头状突起。

鬼针草	科　属：菊科　鬼针草属
Bidens pilosa	别　名：
生　境：生于海拔 1 500m 以下的路边荒地、山坡。	
分　布：各林区。	

扫码了解更多

花期	1	2	3	4	5	6	7	8	9	10	11	12
果期	1	2	3	4	5	6	7	8	9	10	11	12

　　一年生草本；中下部叶对生，二回羽状深裂，裂片顶端尖，边缘具不规则细齿，两面略有短毛，叶柄较长；上部叶互生，羽状分裂。头状花序生于茎端，总苞杯状；总苞片 8 个，被疏短毛；舌状花 1~3 朵，不育，黄色。瘦果黑色，线形，具棱，顶端芒刺 3~4 枚，具倒刺毛。

黄鹌菜	科　属：菊科　黄鹌菜属
Youngia japonica	别　名：

生　境：生于海拔 1 500m 以下的山坡、路旁。

分　布：五岈子、大块地、南阴坡、宝天曼、平坊等林区。

扫码了解更多

花期	1	2	3	4	5	6	7	8	9	10	11	12
果期	1	2	3	4	5	6	7	8	9	10	11	12

　　一年生草本；茎分枝，被细毛。基部叶丛生，长圆形，羽状裂，顶生裂片较大，边缘为深波状齿裂，叶脉羽状；茎生叶少，互生。头状花序小，呈聚伞圆锥花序，总花梗细；总苞片 2 层，外层 5 个，内层 8 个；舌状花黄色。瘦果纺锤形，棕红色，有多条纵肋，具细刺，被刚毛。

野菊	科　属：菊科　菊属
Chrysanthemum indicum	别　名：
生　境：生于山谷路旁、林缘、灌丛中。	
分　布：各林区。	

扫码了解更多

花期	1	2	3	4	5	6	7	8	9	10	11	12
果期	1	2	3	4	5	6	7	8	9	10	11	12

　　多年生草本；基生叶脱落；茎生叶互生，菱状三角形，先端渐尖，基部下延，羽状深裂，顶生裂片较大，侧生裂片 2 对，表面被疏毛。头状花序 5~6 朵，聚集先端，排列成伞房状圆锥花序；总苞片 4 层，边缘膜质，灰褐色；舌状花黄色，2~3 齿裂。果实圆柱形，具 5 条纵纹。

中华苦荬菜	**科　属**：菊科　苦荬菜属
Ixeris chinensis	**别　名**：山苦荬

生　境：生于海拔 1 500m 以下的山坡、路旁。

分　布：牧虎顶、白草尖、野獐、五岈子、葛条爬、宝天曼等林区。

花期	1	2	3	4	5	6	7	8	9	10	11	12
果期	1	2	3	4	5	6	7	8	9	10	11	12

　　多年生草本；全株无毛，茎直立，多分枝。基生叶线状披针形，基部楔形下延，全缘，具齿，叶脉羽状；中部叶 1~2 枚，无柄，线状披针形，稍抱茎。头状花序排列成疏伞房状圆锥花序，总花梗纤细；舌状花黄色或白色。果实狭披针形，稍弯曲，红棕色；冠毛白色，刚毛状。

黄色花

千里光	科　属：菊科　千里光属
Senecio scandens	别　名：
生　境：生于海拔 1 000m 以下的山坡、山沟、河滩、林缘及灌丛中。	
分　布：各林区。	

花期	1	2	3	4	5	6	7	8	9	10	11	12
果期	1	2	3	4	5	6	7	8	9	10	11	12

　　多年生草本；茎攀缘，多分枝。单叶互生，卵状披针形，基部楔形，边缘具不规则钝齿，两面疏生短柔毛；上部叶渐小，线状披针形，近无柄。头状花序多数，排列成复伞房状花序；总花序梗反折，被短柔毛，具线形苞叶；花黄色；舌状花约 8 朵。果实圆柱形，被短毛；冠毛白色。

蒲儿根	科　属：菊科　蒲儿根属
Sinosenecio oldhamianus	别　名：
生　境：生于山坡草地、林缘、荒地及路旁。	
分　布：各林区。	

花期	1	2	3	4	5	6	7	8	9	10	11	12
果期	1	2	3	4	5	6	7	8	9	10	11	12

扫码了解更多

　　二年生草本；茎直立，单生，上部多分枝，下部被白色毛。单叶互生，草质，基部及下部叶心状圆形，先端尖，边缘具不规则三角状牙齿，背面密被白色绵毛，叶脉掌状，侧脉叉状。头状花序多数，在茎枝端排列成复伞房状；花黄色，舌状花约 13 朵，先端全缘或 3 齿裂。果实倒卵状圆柱形。

大花金挖耳	科　属：菊科　天名精属	
Carpesium macrocephalum	别　名：	
生　境：生于山坡林缘、山谷草地、灌丛中。		
分　布：南阴坡、万沟、大块地、七里沟、红寺河、平坊、 　　　　宝天曼等林区。		

扫码了解更多

花期	1	2	3	4	5	6	7	8	9	10	11	12
果期	1	2	3	4	5	6	7	8	9	10	11	12

　　多年生草本；茎直立，被短柔毛。单叶互生，下部叶宽卵形，基部下延成具宽翅的叶柄，边缘具不规则重锯齿，两面被毛；中部和上部叶渐小，倒卵状矩圆形。头状花序，下垂，花黄色，苞叶 3~5 片，边缘有锯齿；总苞盘状，总苞片 3 层，外层绿色。果实圆柱形，顶端收缩成喙，有腺点。

橐吾	科　属：菊科　橐吾属
Ligularia sibirica	别　名：

生　境：生于草地、河边、山坡林下等湿润处。

分　布：五岈子、大块地、南阴坡、宝天曼、平坊、蚂蚁沟等林区。

扫码了解更多

花期	1	2	3	4	5	6	7	8	9	10	11	12
果期	1	2	3	4	5	6	7	8	9	10	11	12

　　多年生草本；茎直立，最上部及花序被白色蛛丝状毛，下部光滑。叶互生，丛生叶及下部叶卵状心形，边缘具细锯齿，两面光滑，叶脉掌状，叶柄较长，基部鞘状。总状花序，苞片卵形，向上渐小，小苞片披针形，光滑；舌状花6~10朵，黄色。蒴果长圆形，光滑。

蹄叶橐吾	科　属：菊科　橐吾属
Ligularia fischeri	别　名：

生　境：生于水边、草甸、山坡灌丛及林下。

分　布：各林区。

花期	1	2	3	4	5	6	7	8	9	10	11	12
果期	1	2	3	4	5	6	7	8	9	10	11	12

扫码了解更多

　　多年生草本；茎直立，粗壮，下部被黄褐色柔毛。单叶互生，纸质，基部叶肾形，基部深心形，边缘具密三角状锯齿，背面被短柔毛，叶脉近掌状。头状花序多数，排列成总状；总花梗粗壮；总苞宽钟状；总苞片8个，长圆形；花黄色，舌状花5~7朵，舌片线形。瘦果圆柱形，光滑。

翅果菊	科　属：菊科　莴苣属
Lactuca indica	别　名：山莴苣

生　境：生于海拔 500m 以上的山坡、林下等处。

分　布：圣垛山、野獐、南阴坡、宝天曼、葛条爬、五岈子等林区。

扫码了解更多

花期	1	2	3	4	5	6	7	8	9	10	11	12
果期	1	2	3	4	5	6	7	8	9	10	11	12

　　二年生草本；茎单生，上部具分枝，无毛。单叶互生，多变异，下部叶早落；中部叶无柄，线形，先端渐尖，基部扩大呈半抱茎；上部叶变小，两面无毛。头状花序在茎端排列成圆锥花序，总苞钟状，总苞片 3~4 层；舌状花淡黄色，舌片下部密被白毛。果实椭圆形，深褐色；冠毛白色。

腺梗豨莶	科　属：菊科　豨莶属
Sigesbeckia pubescens	别　名：
生　境：生于海拔 700m 以下的山坡、灌丛和路旁。	
分　布：各林区。	

花期	1	2	3	4	5	6	7	8	9	10	11	12
果期	1	2	3	4	5	6	7	8	9	10	11	12

扫码了解更多

　　一年生草本；单叶对生，中部叶卵形，基部楔形，下延成翅柄，边缘具不规则尖锯齿；上部叶渐小，叶柄近无。头状花序多数排成具叶的圆锥花序，花序梗和分枝上部被长柔毛和头状具柄的密腺毛；舌状花黄色，雌性，先端 3 齿裂，下部有毛；筒状花黄色，两性。果实倒卵形，具 4 条棱，黑褐色。

旋覆花　　科　属：菊科　旋覆花属

Inula japonica　　别　名：

生　境：生于山坡、荒地、路旁、沟河两岸。

分　布：圣垛山、许窑沟、白草尖、万沟等林区。

花期	1	2	3	4	5	6	7	8	9	10	11	12
果期	1	2	3	4	5	6	7	8	9	10	11	12

扫码了解更多

　　多年生草本；茎直立，上部分枝，被长伏毛。单叶互生，基部叶有柄，下部叶常宿存，向上渐小，椭圆形，基部楔形，两面均被毛；中部叶无柄，基部微抱茎。头状花序，5~13 朵花排成伞房状；总苞半球形，总苞片 5 层；雌花舌状，黄色，外面被柔毛。果实具 10 条肋，冠毛 1 层。

蒲公英			科　属：菊科　蒲公英属				
Taraxacum mongolicum			别　名：				
生　境：生于山坡荒地、路旁等处。							
分　布：各林区。							

扫码了解更多

花期	1	2	3	4	5	6	7	8	9	10	11	12
果期	1	2	3	4	5	6	7	8	9	10	11	12

　　多年生草本；根圆柱形，黑褐色。叶基生呈莲座状，宽倒卵披针形，基部渐狭，边缘具齿或羽状深裂，顶生裂片较大，近全缘，侧生裂片较小，叶脉羽状；叶柄具翅，紫红色。花葶数个，与叶近等长，被蛛丝状毛；舌状花黄色，背面具紫红色条纹。瘦果稍扁，暗褐色；冠毛白色，刚毛状。

獐牙菜	科　属：龙胆科　獐牙菜属	
Swertia bimaculata	别　名：	

生　境：生于河滩、山坡草地、林下、灌丛中。

分　布：圣垛山、许窑沟、白草尖、万沟、京子垛、宝天曼、平坊、蚂蚁沟等林区。

花期	1	2	3	4	5	6	7	8	9	10	11	12
果期	1	2	3	4	5	6	7	8	9	10	11	12

扫码了解更多

　　一年生草本；茎直立，四棱形，中上部分枝。单叶对生，具三出脉；基生叶长圆形，叶柄长；茎生叶椭圆形，基部楔形，近无柄。圆锥状聚伞花序顶生或腋生，多花；花5数，花萼绿色，花冠黄白色，上部具多数紫色小斑点。蒴果狭卵形，2裂；种子黑褐色，近圆形，具瘤状突起。

龙牙草	科　属：蔷薇科　龙牙草属
Agrimonia pilosa	别　名：

生　境：生于海拔 300m 以上的山坡草地、路旁或水沟边。

分　布：各林区。

扫码了解更多

花期	1	2	3	4	5	6	7	8	9	10	11	12
果期	1	2	3	4	5	6	7	8	9	10	11	12

　　多年生草本；全株被长柔毛。奇数羽状复叶，小叶 5~7 枚，间杂有小型小叶，无柄，椭圆状卵形，先端急尖，基部楔形，边缘具粗锯齿，两面均被柔毛；托叶卵形，近全缘。顶生总状花序具多花，花黄色，萼筒外面有沟槽，萼裂片 5 枚；苞片小，常 3 裂。瘦果倒圆锥形。

路边青	科 属：蔷薇科 路边青属
Geum aleppicum	别 名：
生 境：生于山坡草地、灌丛、林缘或山谷溪旁等处。	
分 布：各林区。	

扫码了解更多

花期	1	2	3	4	5	6	7	8	9	10	11	12
果期	1	2	3	4	5	6	7	8	9	10	11	12

　　多年生草本；根茎短粗，茎单生，上部具分枝。基生叶为羽状复叶，小叶菱状卵形，基部楔形，边缘具浅裂片；顶生小叶较大，圆形；茎生小叶较小，叶轴和叶柄被硬毛。花单生于枝端，花瓣黄色，宽倒卵形。瘦果狭椭圆形，顶端被硬毛。

蛇莓	**科　属**：蔷薇科　蛇莓属
Duchesnea indica	**别　名**：

生　境：生于河边、山坡灌丛、草地、山谷溪旁等处。

分　布：各林区。

扫码了解更多

	1	2	3	4	5	6	7	8	9	10	11	12
花期	1	2	3	4	5	6	7	8	9	10	11	12
果期	1	2	3	4	5	6	7	8	9	10	11	12

　　多年生草本；茎匍匐，有柔毛。三出复叶，小叶菱状卵形，边缘具钝锯齿，两面散生柔毛；叶柄长 1~5cm，托叶卵状披针形；小叶近无柄。花单生于叶腋，花梗有柔毛；花黄色，副萼片 5 枚，先端 3 裂，有柔毛；萼片狭卵形，全缘。聚合果球形，肉质，红色；瘦果小，扁球形。

委陵菜	科　属：蔷薇科　委陵菜属
Potentilla chinensis	别　名：
生　境：生于荒丘、山坡、路边、沟旁。	
分　布：各林区。	

花期	1	2	3	4	5	6	7	8	9	10	11	12
果期	1	2	3	4	5	6	7	8	9	10	11	12

扫码了解更多

　　多年生草本；茎丛生，被白色长柔毛。奇数羽状复叶，基生叶丛生，小叶 15~31 枚，无柄，长圆状披针形，羽状深裂，背面密生白色柔毛；茎生叶和基生叶类似，小叶 7~15 枚。聚伞花序顶生，总花梗和花梗均被白色柔毛；花黄色。瘦果卵形，有肋纹，常聚生于有绵毛的花托上。

	科　属：	忍冬科　败酱属
异叶败酱		
Patrinia heterophylla	别　名：	墓头回

生　境：	生于海拔 600m 以上的山坡草地、树林下及路旁。
分　布：	各林区。

扫码了解更多

花期	1	2	3	4	5	6	7	8	9	10	11	12
果期	1	2	3	4	5	6	7	8	9	10	11	12

　　多年生草本；根茎横卧，茎直立，少分枝。基生叶具长柄，卵形，常有 2~3 对羽状深裂，边缘圆齿状；茎生叶对生，变异较大，3~7 对羽状深裂，两面被短柔毛；上部叶较狭，具短柄。聚伞花序，顶生或腋生，花黄色；花冠筒状，内面有白毛。果实长圆形，翅状苞片长圆形。

盘叶忍冬	**科 属**：忍冬科　忍冬属	
Lonicera tragophylla	**别 名**：大叶银花	
生 境：生于海拔 1 000m 以上的林下、灌丛中或河滩旁岩石缝中。		
分 布：野獐、猴沟、蚂蚁沟、七里沟、宝天曼、平坊、牡丹岭等林区。		扫码了解更多

花期	1	2	3	4	5	6	7	8	9	10	11	12
果期	1	2	3	4	5	6	7	8	9	10	11	12

　　落叶藤本；幼枝无毛。单叶对生，纸质，矩圆形，顶端钝，基部楔形，花序下方 1~2 对叶联合成圆形的盘；叶柄很短。由 3 朵花组成的聚伞花序密集成头状花序，生小枝顶端；花冠黄色，上部外面略带红色，外面无毛。果实成熟时由黄色变为深红色，近圆形。

北柴胡	科　属：伞形科　柴胡属
Bupleurum chinense	别　名：韭叶柴胡
生　境：生于向阳山坡、山谷草地、岸边等处。	
分　布：猴沟、牛心垛、红寺河、圣垛山、野獐、南阴坡等林区。	

扫码了解更多

花期	1	2	3	4	5	6	7	8	9	10	11	12
果期	1	2	3	4	5	6	7	8	9	10	11	12

　　多年生草本；主根粗大，褐色；茎直立，表面有纵条纹。基生叶倒披针形，早枯；中部叶互生，倒披针形，有脉 7~9 条，背面常有白霜；上部叶渐变小。复伞形花序多数，花序梗细；伞幅 3~8 个，不等长；小伞形花序有花 5~10 朵，花瓣黄色。果实椭圆形，棕色，两侧略扁。

楮	科　属：桑科　构属
Broussonetia monoica	别　名：
生　境：多生于山坡灌丛、沟边和杂木林中。	
分　布：葛条爬、蚂蚁沟、湍源等林区。	

扫码了解更多

花期	1	2	3	4	5	6	7	8	9	10	11	12
果期	1	2	3	4	5	6	7	8	9	10	11	12

　　落叶灌木；小枝斜上，具白色乳汁，幼时被毛，成长脱落。单叶互生，卵形，基部近圆形，边缘具三角形锯齿，表面粗糙；托叶小，线状披针形。花雌雄同株；雄花序头状，花黄色；雌花序球形，被柔毛，花柱单生。聚花果球形；瘦果扁球形，外果皮壳质。

藤构	科　属：桑科　构属
Broussonetia kaempferi	别　名：
生　境：生于山谷灌丛或沟边、山坡及路旁。	
分　布：猴沟、京子垛、许窑沟、牛心垛、蚂蚁沟、野獐等林区。	

扫码了解更多

花期	1	2	3	4	5	6	7	8	9	10	11	12
果期	1	2	3	4	5	6	7	8	9	10	11	12

　　蔓生藤状灌木；树皮黑褐色，小枝显著伸长。单叶互生，螺旋状排列，近对称的卵状椭圆形，边缘锯齿细，齿尖具腺体，不裂，表面无毛；叶柄被毛。花雌雄异株，雄花序短穗状，黄色花被片 3~4 枚，裂片外面被毛；雌花集生为球形头状花序。聚花果，花柱线形，延长。

山茱萸	**科 属：** 山茱萸科 山茱萸属	
Cornus officinalis	**别 名：**	
生 境： 生于海拔 1 200m 以下的山坡、林缘、林中或村旁。		
分 布： 各林区。		

扫码了解更多

花期	1	2	3	4	5	6	7	8	9	10	11	12
果期	1	2	3	4	5	6	7	8	9	10	11	12

　　落叶乔木或灌木；树皮灰褐色剥落；小枝细圆柱形。单叶对生，纸质，卵状披针形，先端渐尖，全缘，上面无毛，背面被白色柔毛，侧脉 6~7 对，脉腋密生淡褐色丛毛。伞形花序腋生，有花 15~30 朵；花黄色，花瓣 4 枚，舌状披针形。核果长椭圆形，红色，核骨质，狭椭圆形。

君迁子	科　属：柿科　柿属
Diospyros lotus	别　名：
生　境：生于海拔 1 400m 以下的山坡、山谷。	
分　布：各林区。	

扫码了解更多

花期	1	2	3	4	5	6	7	8	9	10	11	12
果期	1	2	3	4	5	6	7	8	9	10	11	12

　　落叶乔木；幼枝灰色，有短柔毛。单叶互生，椭圆形，先端渐尖，基部圆形，背面被短柔毛。花单性，雌雄异株，淡黄色；花萼密生灰色柔毛，3 裂；雄花 2~3 朵簇生。浆果球形，初为黄色，外面常有白蜡层，基部有宿存萼；种子长圆形，扁平，淡黄色。

北枳椇	科　属：鼠李科　枳椇属
Hovenia dulcis	别　名：拐枣

生　境：生于山坡林地。

分　布：猴沟、许窑沟、红寺河、蚂蚁沟、宝天曼、平坊等林区。

花期	1	2	3	4	5	6	7	8	9	10	11	12
果期	1	2	3	4	5	6	7	8	9	10	11	12

　　落叶乔木；树皮灰褐色，纵裂。单叶互生，宽卵形，基部偏斜，边缘具粗壮锯齿，两面无毛，3 条主脉。聚伞花序顶生或腋生，不对称；花淡黄色，萼片卵状三角形；雄蕊与花瓣对生，子房近球形。核果球形，果柄肉质，扭曲，味甘甜；种子圆形扁平，赤褐色，有光泽。

栾	科 属：无患子科 栾属
Koelreuteria paniculata	别 名：
生 境：生于山坡沟边或杂木林中。	
分 布：各林区。	

扫码了解更多

花期	1	2	3	4	5	6	7	8	9	10	11	12
果期	1	2	3	4	5	6	7	8	9	10	11	12

　　落叶乔木；小枝密生突起和皮孔。叶互生，二回奇数羽状复叶；小叶纸质，卵形，先端尖，边缘具锯齿，基部常羽状裂成小叶状，表面无毛，背面被短毛。圆锥花序，顶生；萼5深裂，花瓣4枚，黄色，螺旋向上。蒴果圆锥形，具3条棱，果瓣卵形；种子圆形，黑色。

华中五味子	科　属：五味子科　五味子属	
Schisandra sphenanthera	别　名：	
生　境：生于山沟或山坡湿润杂木林中。		
分　布：各林区。		

花期	1	2	3	4	5	6	7	8	9	10	11	12
果期	1	2	3	4	5	6	7	8	9	10	11	12

扫码了解更多

　　落叶藤本；枝细长，红褐色，有皮孔。单叶互生，椭圆形，先端渐尖，基部楔形，边缘有疏齿，背面灰绿色，有白色点；叶柄红色，长 1~3cm。花单生或 2 朵生于叶腋，橙黄色；花被片 5~9 个，2~3 轮；雄蕊 10~15 个，雌花心皮 30~50 个；花托伸长，花梗细。穗状聚合果长 6~9cm；浆果红色。

红毛七

Caulophyllum robustum

科　属：小檗科　红毛七属	
别　名：类叶牡丹	

生　境：生于山坡林下或山沟阴湿处。

分　布：猴沟、红寺河、宝天曼、平坊等林区

花期	1	2	3	4	5	6	7	8	9	10	11	12
果期	1	2	3	4	5	6	7	8	9	10	11	12

扫码了解更多

　　多年生草本，根状茎横生。二至三回三出复叶，小叶卵形，全缘，有时 2~3 裂，表面绿色，背面灰白色，基部三出脉，两面无毛；顶生小叶有柄，侧生小叶近无柄。圆锥花序顶生，花黄绿色；苞片 3~4 个，花瓣 6 枚，较小。种子浆果状，蓝黑色，易开裂。

秦岭小檗	科　属：小檗科　小檗属	
Berberis circumserrata	别　名：	

生　境：生于山坡灌木林中或林缘。

分　布：五岈子、大块地、南阴坡、宝天曼等林区。

花期	1	2	3	4	5	6	7	8	9	10	11	12
果期	1	2	3	4	5	6	7	8	9	10	11	12

扫码了解更多

　　落叶灌木；枝粗壮，灰黄色，具槽；刺粗壮，三分叉。叶在小枝上簇生，近圆形，先端扁圆，基部渐狭成柄，边缘具多数刺尖细齿，背面灰色，具白粉。花 2~5 朵簇生，花梗长 1~4cm；花黄色，花瓣倒卵形，先端全缘。浆果椭圆形，红色，具宿存花柱。

黄芦木	**科 属**：小檗科 小檗属
Berberis amurensis	**别 名**：

生 境：生于林缘、山沟溪旁、灌丛或疏林中。

分 布：平坊、宝天曼等林区。

花期	1	2	3	4	5	6	7	8	9	10	11	12
果期	1	2	3	4	5	6	7	8	9	10	11	12

扫码了解更多

　　落叶灌木；枝灰色，刺三分叉。单叶互生或在短枝上簇生，纸质，矩圆形，先端急尖，基部渐狭，边缘密生细锯齿，背面有时具白粉。总状花序，有花 10~25 朵；花淡黄色，萼片排成 2 轮，花瓣状；花瓣椭圆形，顶端微凹。浆果椭圆形，红色，顶端不具宿存花柱。

直穗小檗	科　属：小檗科　小檗属
Berberis dasystachya	别　名：
生　境：生于山坡灌丛或山谷溪旁。	
分　布：银虎沟、万沟、蚂蚁沟、宝天曼等林区。	

花期	1	2	3	4	5	6	7	8	9	10	11	12
果期	1	2	3	4	5	6	7	8	9	10	11	12

扫码了解更多

　　落叶灌木；二年生枝红褐色，刺1~3叉。叶在小枝上簇生，纸质，近圆形，先端圆形，边缘有刺状细锯齿，两面网脉明显，背面无白粉。叶柄长2~3cm。总状花序，花黄色，萼片排成2轮；花瓣倒卵形，全缘。果序直立，浆果椭圆形，红色，无白粉。

四川沟酸浆		科　属：透骨草科　沟酸浆属	
Erythranthe szechuanensis		别　名：	
生　境：	生于海拔 1 000m 以上的林下阴湿处、水沟边、溪旁。		
分　布：	大块地、猴沟、万沟、银虎沟等林区。		

扫码了解更多

花期	1	2	3	4	5	6	7	8	9	10	11	12
果期	1	2	3	4	5	6	7	8	9	10	11	12

　　多年生草本；茎四方形，常分枝。单叶对生，卵形，顶端钝尖，基部楔形，边缘有锯齿，两面疏生短柔毛；叶柄长约 2cm。花单生于叶腋；花萼圆筒形，果期膨大成囊泡状，5 条棱；花冠黄色，喉部有紫色斑，上唇 2 裂。蒴果长圆形，稍扁，包于宿存萼内；种子棕色，有网纹。

白屈菜	科　属：罂粟科　白屈菜属
Chelidonium majus	别　名：

生　境：生于山坡、路旁、林缘等处。

分　布：银虎沟、万沟、蚂蚁沟、宝天曼、平坊、葛条爬、红寺河等林区。

扫码了解更多

花期	1	2	3	4	5	6	7	8	9	10	11	12
果期	1	2	3	4	5	6	7	8	9	10	11	12

　　多年生草本；有黄色汁液，茎聚伞状，多分枝。叶有长柄，一至二回羽状分裂，裂片倒卵形，边缘具不整齐缺刻，背面疏生短柔毛，有白粉。伞形花序生于枝端，花黄色，花梗细长；萼片2枚，椭圆形，疏生柔毛；花瓣倒卵形。种子卵形，暗褐色，表面有网纹。

荷青花	**科　属**：罂粟科　荷青花属	
Hylomecon japonica	**别　名**：	

生　境：生于海拔 1 400m 以上的山坡、林下、林缘或沟边阴湿处。

分　布：平坊、宝天曼、蚂蚁沟、银洞尖、高庙岭、许窑沟、猴沟、红寺河等林区。

花期	1	2	3	4	5	6	7	8	9	10	11	12
果期	1	2	3	4	5	6	7	8	9	10	11	12

扫码了解更多

　　多年生草本；茎直立，散生卷曲柔毛。基生叶为奇数羽状复叶，具长柄，小叶 5 枚，宽披针形，边缘具不整齐重锯齿；茎生叶 2 枚，具短柄。花金黄色，呈聚伞花序；花梗直立，萼片狭卵形；花瓣近圆形，基部具短爪。蒴果细圆柱形；种子扁卵形，具鸡冠状附属物。

黄堇	科 属：罂粟科　紫堇属
Corydalis pallida	别 名：

生　境：生于山地林下或沟边潮湿处。

分　布：各林区。

花期	1	2	3	4	5	6	7	8	9	10	11	12
果期	1	2	3	4	5	6	7	8	9	10	11	12

扫码了解更多

　　一年生草本；无毛，具直根。基生叶多数，莲座状，花期枯萎；茎生叶稍密集，上面绿色，背面有白粉，二至三回羽状全裂，小裂片卵形。总状花序顶生或腋生，苞片狭卵形，萼片小，花淡黄色。蒴果串珠状，下垂；种子黑色，扁球形，密生圆锥状小突起。

浪叶花椒	科　属：芸香科　花椒属
Zanthoxylum undulatifolium	别　名：
生　境：生于山沟溪旁、林中。	
分　布：宝天曼、平坊、京子垛、红寺河等林区。	

花期	1	2	3	4	5	6	7	8	9	10	11	12
果期	1	2	3	4	5	6	7	8	9	10	11	12

扫码了解更多

　　落叶灌木；皮刺甚多。奇数羽状复叶，叶轴纤细，有棱，被短柔毛；小叶对生，革质，近无柄，顶生小叶有短柄，披针形，边缘为波状圆锯齿，背面灰色。聚伞花序腋生，近无总梗，花少数，黄色。蓇葖果2~4个，细小，斜卵球形，有粗大腺点；种子黑色，光亮。

木姜子	**科　属：** 樟科　木姜子属	
Litsea pungens	**别　名：**	

生　境： 生于山沟溪旁或山坡疏林中。

分　布： 大块地、猴沟、万沟、银虎沟等林区。

扫码了解更多

花期	1	2	3	4	5	6	7	8	9	10	11	12
果期	1	2	3	4	5	6	7	8	9	10	11	12

　　落叶乔木；幼枝黄绿色，被柔毛，老枝黑褐色，无毛。单叶互生，常簇生于枝端，纸质，长卵形，幼时有绢毛，后渐无毛，羽状脉，侧脉5对；叶柄纤细。伞形花序腋生，具8~12朵花，黄色；总苞片厚，外面无毛，早落；花被片倒卵形，有多数透明油点。果黑色，果柄长约2cm。

三桠乌药

Lindera obtusiloba

科　属：樟科　山胡椒属
别　名：

生　境：生于海拔 1 000m 以上的山坡杂木林中。

分　布：各林区。

花期	1	2	3	4	5	6	7	8	9	10	11	12
果期	1	2	3	4	5	6	7	8	9	10	11	12

扫码了解更多

　　落叶乔木或灌木；树皮黑棕色，当年生枝条较平滑，有纵纹，老枝渐多木栓质皮孔。单叶互生，近圆形，先端急尖，常明显 3 裂；三出脉，网脉明显，叶柄被白色柔毛。黄色花先叶开放，伞形花序腋生，总花梗较短，花梗被柔毛。果球形，鲜时红色，干时褐色。

扫码了解更多

梓	科　属：紫葳科　梓属
Catalpa ovata	别　名：

生　境：生于海拔 1 000m 以下的山谷、溪旁、河岸。

分　布：野獐、猴沟、蚂蚁沟、七里沟、葛条爬、许窑沟、
　　　　银虎沟等林区。

花期	1	2	3	4	5	6	7	8	9	10	11	12
果期	1	2	3	4	5	6	7	8	9	10	11	12

　　落叶乔木；枝开展，树冠宽；树皮灰褐色，纵裂。单叶对生，
广卵形，先端突渐尖，基部浅心形，常 3~5 浅裂，两面沿脉有疏毛。
圆锥花序长约 25cm，花萼带紫色，花冠淡黄色，内面有 2 个黄色条
纹及紫色斑纹。蒴果长 20~30cm，幼时疏生长白毛。

紫背金盘	科　属：唇形科　筋骨草属
Ajuga nipponensis	别　名：

生　境：生于海拔 400m 以上的山坡路旁、草地或疏林下。

分　布：葛条爬、野獐、牡丹岭、平坊等林区。

花期	1	2	3	4	5	6	7	8	9	10	11	12
果期	1	2	3	4	5	6	7	8	9	10	11	12

扫码了解更多

　　一或二年生草本；茎直立，柔软，基部带紫色，被长硬毛。茎生叶宽椭圆形，边缘具不整齐波状钝齿，背面紫色，两面具糙毛；叶柄具狭翅，密被白色长毛。轮伞花序多花，在茎端聚集成穗状花序；苞片小，绿色或紫色；花冠筒状，蓝紫色。小坚果卵状三棱形。

活血丹	**科 属：**唇形科 活血丹属	
Glechoma longituba	**别 名：**	
生 境：生于海拔 1 000m 左右的山沟溪旁潮湿处。		
分 布：各林区。		

花期	1	2	3	4	5	6	7	8	9	10	11	12
果期	1	2	3	4	5	6	7	8	9	10	11	12

扫码了解更多

多年生草本；具匍匐茎，逐节生根，基部常呈淡紫红色。单叶对生，基生叶肾形，茎生叶心形，先端微尖，边缘具粗钝锯齿，两面均被糙毛。轮伞花序腋生，每轮 2~6 朵，花萼管状，萼齿 5 个；花冠淡蓝色，雄蕊 4 个，2 强。小坚果深褐色，长圆状卵形，无毛。

丹参	科　属：唇形科　鼠尾草属
Salvia miltiorrhiza	别　名：

生　境：生于海拔 1 500m 以下的山坡、山沟林下、灌丛或草地。

分　布：野獐、猴沟、蚂蚁沟、七里沟、葛条爬、许窑沟等林区。

扫码了解更多

花期	1	2	3	4	5	6	7	8	9	10	11	12
果期	1	2	3	4	5	6	7	8	9	10	11	12

　　多年生草本；根肥厚，朱红色；茎直立，密被长柔毛。奇数羽状复叶，小叶 3~5 枚，卵形，边缘具圆锯齿，两面被柔毛。轮伞花序具花 4~6 朵，在茎和分枝上部集成顶生和腋生的总状花序，总花梗密被具节长柔毛；苞片披针形，花萼钟形，花冠淡蓝色，外面被腺毛。小坚果椭圆形，黑色。

| **荫生鼠尾草** | 科　属：唇形科　鼠尾草属 |
| *Salvia umbratica* | 别　名： |

生　境：生于海拔 700m 以上的山谷林下阴湿处。

分　布：蚂蚁沟、五岈子、许窑沟等林区。

花期	1	2	3	4	5	6	7	8	9	10	11	12
果期	1	2	3	4	5	6	7	8	9	10	11	12

扫码了解更多

　　一或二年生草本；茎直立，有分枝，被白色柔毛和腺毛。单叶对生，三角形，先端急尖，边缘具不整齐粗锯齿，表面疏生短柔毛，背面密生腺点。叶柄长 1~9cm。总状花序，总花梗密被柔毛和腺点；花萼钟形，上唇宽三角形；花冠蓝紫色，外面疏生长柔毛。小坚果椭圆形。

桔梗	科　属：桔梗科　桔梗属			
Platycodon grandiflorus	别　名：			

生　境：生于海拔 1 200m 以下的山坡林下或草地上。

分　布：牛心垛、银虎沟、万沟、蚂蚁沟等林区。

扫码了解更多

花期	1	2	3	4	5	6	7	8	9	10	11	12
果期	1	2	3	4	5	6	7	8	9	10	11	12

　　多年生草本；具白色乳汁；茎直立，无毛。单叶互生、对生或轮生，卵形，顶端急尖，边缘具尖锯齿，下面被白粉。花 1 朵至数朵，生茎和分枝顶端；花萼钟状，无毛，有白粉；花冠蓝紫色，5 浅裂，裂片三角形，开展。蒴果倒卵圆形，顶部 5 瓣裂；种子卵形，具 3 条棱，黑褐色。

杏叶沙参

Adenophora petiolata subsp. *hunanensis*

科　属：桔梗科　沙参属
别　名：

生　境：生于海拔 1 000~1 600m 的山坡草地或疏林中。

分　布：各林区。

扫码了解更多

花期	1	2	3	4	5	6	7	8	9	10	11	12
果期	1	2	3	4	5	6	7	8	9	10	11	12

　　多年生草本；有白色乳汁。基部叶花期枯萎，茎生叶互生，下部叶具短柄，中部以上无柄；叶卵圆形，边缘具不整齐锯齿，两面被硬毛。花序圆锥状，花梗极短，被白色柔毛；花冠钟状，蓝紫色，裂片 5 枚，三角状卵形。蒴果卵圆形，萼裂片宿存；种子黄褐色，有 1 条棱。

石沙参	科　属：桔梗科　沙参属
Adenophora polyantha	别　名：
生　境：生于海拔 700m 以上的山坡草地或灌丛边。	
分　布：各林区。	

花期	1	2	3	4	5	6	7	8	9	10	11	12
果期	1	2	3	4	5	6	7	8	9	10	11	12

扫码了解更多

　　多年生草本；具白色汁液。基生叶丛生，早枯，肾形，边缘有粗锯齿，基部下延；茎生叶互生，无柄，薄革质，狭披针形，边缘具尖锯齿。花序不分枝，总状；花萼具短毛，裂片 5 枚；花冠蓝色，钟状，外面无毛，裂片 5 枚。蒴果卵状椭圆形，具网纹；种子椭圆形，褐色。

沙参	科 属：桔梗科 沙参属
Adenophora stricta	别 名：
生 境：生于海拔 700m 以上的山坡草地或林下。	
分 布：各林区。	

花期	1	2	3	4	5	6	7	8	9	10	11	12
果期	1	2	3	4	5	6	7	8	9	10	11	12

扫码了解更多

　　多年生草本；有白色乳汁；茎不分枝，被白色柔毛。单叶互生，基生叶心形，具长柄，茎生叶无柄；叶片椭圆形，边缘具不整齐锯齿。花序狭长，不分枝，总状，花梗短；花萼有短毛，裂片5枚；花冠钟形，蓝紫色，裂片5枚。蒴果卵圆形，黄褐色；种子棕黄色，有1条棱。

白头翁	**科　属**：毛茛科　白头翁属	
Pulsatilla chinensis	**别　名**：	

生　境：生于山坡、沟边等干燥向阳处。

分　布：葛条爬、京子垛、七里沟、野獐、五岈子等林区。

扫码了解更多

花期	1	2	3	4	5	6	7	8	9	10	11	12
果期	1	2	3	4	5	6	7	8	9	10	11	12

　　多年生草本；根粗壮；全株被白色茸毛。叶基生，宽卵形，3 全裂，中间裂片具柄，3 深裂。花葶 1~2 个，2~3 深裂，裂片线形；萼片 6 枚，花瓣状，蓝紫色，背面有茸毛；雄蕊多数，长约为萼片一半。聚合瘦果，球形，宿存花柱羽状。

大叶铁线莲	科　属：毛茛科　铁线莲属
Clematis heracleifolia	别　名：

生　境：生于山坡及谷地的灌丛、林缘、沟溪旁或疏林下。

分　布：各林区。

扫码了解更多

花期	1	2	3	4	5	6	7	8	9	10	11	12
果期	1	2	3	4	5	6	7	8	9	10	11	12

　　落叶直立灌木；茎粗壮，具纵条纹，密生白短毛。叶对生，三出复叶，叶柄粗壮，有白色短毛；顶生小叶具柄，宽卵形，不分裂或3浅裂，边缘具粗锯齿，两面被柔毛；侧生小叶较小，近无柄。聚伞花序顶生或腋生；萼片4枚，蓝紫色，外被白色短柔毛。瘦果卵圆形，扁。

瓜叶乌头	**科　属**：毛茛科　乌头属	
Aconitum hemsleyanum	**别　名**：	
生　境：生于海拔1 000m以上的山坡灌丛或山谷溪旁、疏林中。		
分　布：各林区。		

扫码了解更多

花期	1	2	3	4	5	6	7	8	9	10	11	12
果期	1	2	3	4	5	6	7	8	9	10	11	12

　　多年生缠绕草本；茎分枝，无毛。茎中部叶五角形，3深裂，中间裂片梯状菱形，先端渐尖，3浅裂，上部边缘具粗齿；侧生裂片不等，2浅裂，背面基部及叶柄有柔毛。花序有2~12朵花，花序轴与花梗无毛；萼片5枚，蓝紫色，外面无毛，上萼片高盔形，具短喙。蓇葖果。

乌头	科　属：毛茛科　乌头属
Aconitum carmichaelii	别　名：
生　境：生于海拔 1 000m 以上的山沟或山坡草地及灌丛中。	
分　布：各林区。	

扫码了解更多

花期	1	2	3	4	5	6	7	8	9	10	11	12
果期	1	2	3	4	5	6	7	8	9	10	11	12

　　多年生草本；块根倒圆锥形。单叶对生，五角形，3 深裂或全裂，先端急尖，近羽状分裂，小裂片三角形，侧生裂片斜扇形。总状花序狭长，密生短柔毛；萼片 5 枚，蓝紫色，外面有微柔毛，上萼片高盔形；花瓣 2 枚，无毛，有长爪。蓇葖果，种子有膜质翅。

花莛乌头	科　属：毛茛科　乌头属
Aconitum scaposum	别　名：

生　境：生于海拔 1 000m 以上的山谷阴湿处。
分　布：银虎沟、万沟、蚂蚁沟、宝天曼等林区。

花期	1	2	3	4	5	6	7	8	9	10	11	12
果期	1	2	3	4	5	6	7	8	9	10	11	12

扫码了解更多

　　多年生草本；茎具淡黄色短毛。基生叶 3~4 枚，肾状五角形，3 裂稍过中部，中间裂片倒梯状菱形，侧生裂片不等，2 裂，两面散生短伏毛，叶柄长 13~40cm，基部具鞘；茎生叶 2~4 枚，聚生在近茎基部。花序较长，密生淡黄色柔毛；苞片披针形，萼片 5 枚，蓝紫色；蓇葖果不等大，疏被长毛。

鸭跖草

Commelina communis

科　属：	鸭跖草科　鸭跖草属
别　名：	

生　境：生于山沟林缘、溪旁。

分　布：各林区。

扫码了解更多

花期	1	2	3	4	5	6	7	8	9	10	11	12
果期	1	2	3	4	5	6	7	8	9	10	11	12

　　一年生草本；茎初直立，后匍匐地面，近基部常生根。叶鞘具红色条纹，鞘口具长毛；叶片披针形，先端尖。总苞片佛焰苞状，与叶对生；聚伞花序，花蓝色，花瓣3枚，其一卵形，较小，其他两个较大。果柄和蒴果包藏于佛焰苞内，2室，每室2粒种子；种子不平，具白色小点。

小药八旦子	科　属：罂粟科　紫堇属
Corydalis caudata	别　名：
生　境：生于海拔 1 000m 以上的山坡或林缘。	
分　布：宝天曼、平坊、红寺河、蚂蚁沟等林区。	

花期	1	2	3	4	5	6	7	8	9	10	11	12
果期	1	2	3	4	5	6	7	8	9	10	11	12

扫码了解更多

　　多年生草本；块茎圆球形。茎基部以上具 1~2 枚鳞片，鳞片上部具叶；叶二回三出，具细长的叶柄和小叶柄，小叶圆形，有时浅裂，下部苍白色。总状花序具 3~8 朵花，疏离；苞片卵圆形，花梗明显长于苞片；花蓝色，矩圆筒形，弧形上弯。蒴果卵圆形，种子 4~9 粒，光滑，具狭长的种阜。

钝萼附地菜

Trigonotis peduncularis var. *amblyosepala*

科　属：紫草科　附地菜属

别　名：

生　境：生于海拔 1 200m 以上的山坡林下、路边、灌草丛中。

分　布：宝天曼、平坊、银虎沟、万沟、蚂蚁沟等林区。

扫码了解更多

花期	1	2	3	4	5	6	7	8	9	10	11	12
果期	1	2	3	4	5	6	7	8	9	10	11	12

　　一年生草本；茎基部多分枝，有短糙伏毛。单叶互生，基生叶匙形，顶端钝圆，两面被短伏毛，叶柄长；中部以上叶具短柄或近无柄。花序顶生，基部有苞片，被短伏毛；花萼 5 深裂，裂片倒卵状长圆形，被短伏毛；花冠蓝色，5 裂，喉部黄色。小坚果 4 个，四面体形，被短毛。

琉璃草	科　属：紫草科　琉璃草属
Cynoglossum furcatum	别　名：
生　境：生于山坡、路旁。	
分　布：京子垛、牧虎顶、红寺河、圣垛山、五岈子等林区。	

扫码了解更多

花期	1	2	3	4	5	6	7	8	9	10	11	12
果期	1	2	3	4	5	6	7	8	9	10	11	12

　　两年生草本；茎直立，上部分枝，有糙伏毛。单叶互生，基生叶和下部叶有柄，长圆形，顶端锐尖，两面密生短柔毛；上部叶无柄，向上渐小。花序分枝成锐角叉状分开，无苞片，花萼5深裂；花冠淡蓝色，5裂，喉部有5个梯形附属物。小坚果4个，卵形，密生锚状刺。

半枝莲	科　属：唇形科　黄芩属					
Scutellaria barbata	别　名：					

生　境：生于海拔 1 000m 以下的山坡水沟、河滩潮湿处。

分　布：野獐、大块地等林区。

扫码了解更多

花期	1	2	3	4	5	6	7	8	9	10	11	12
果期	1	2	3	4	5	6	7	8	9	10	11	12

　　多年生草本；茎直立，四棱形，仅节上被柔毛。单叶对生，三角状卵形，先端钝圆，基部宽楔形，叶缘反卷；叶柄短，被节毛。花单生于茎顶或分枝顶端叶腋，呈总状花序；下部苞片叶状，上部苞片全缘，两面疏被节毛；花冠蓝紫色，上唇盔状。小坚果卵球形，褐色。

韩信草	科　属：唇形科　黄芩属
Scutellaria indica	别　名：
生　境：生于海拔 700m 以上的山坡林下、河谷草地。	
分　布：许窑沟、猴沟、银虎沟、宝天曼等林区。	

扫码了解更多

花期	1	2	3	4	5	6	7	8	9	10	11	12
果期	1	2	3	4	5	6	7	8	9	10	11	12

　　多年生草本；茎直立，四棱形，密被长节毛。单叶对生，茎下部叶较小，肾形；中上部叶卵圆形，先端钝圆，叶缘具不整齐钝齿，两面密被节毛和腺毛。花序总状，总花梗被节毛，下部 1 对苞片叶状，上部苞片椭圆形，全缘；花冠蓝紫色，上唇盔状。小坚果褐色，卵球形，具瘤。

菝葜	科　属：菝葜科　菝葜属
Smilax china	别　名：

生　境：生于海拔 1 500m 以下的林下、灌丛中、河谷或山坡上。

分　布：各林区。

花期	1	2	3	4	5	6	7	8	9	10	11	12
果期	1	2	3	4	5	6	7	8	9	10	11	12

扫码了解更多

　　落叶攀缘灌木；根状茎粗壮，坚硬，茎疏生刺。单叶互生，革质，卵形，有卷须，干后常红褐色。伞形花序球形，花序托膨大，近球形，具小苞片；花黄绿色，雄花中花药比花丝稍宽，雌花与雄花大小相似，具6个退化雄蕊。浆果，熟时红色，有白粉。

天门冬	科　属：天门冬科　天门冬属
Asparagus cochinchinensis	别　名：
生　境：生于山坡、路旁、山谷、疏林下。	
分　布：大石窑、蛮子庄、蚂蚁沟、五岈子、阎王鼻等林区。	

扫码了解更多

花期	1	2	3	4	5	6	7	8	9	10	11	12
果期	1	2	3	4	5	6	7	8	9	10	11	12

　　多年生攀缘植物；根在中部或末端纺锤状膨大；茎平滑，弯曲，分枝具棱。叶状枝常 3 枚成簇，扁平；茎上的鳞片状叶基部延伸成硬刺，在分枝上的刺较短。花 2 朵腋生，淡绿色；雄花花丝不贴生于花被片上。浆果，熟时红色，具 1 粒种子。

尖叶茶藨子

Ribes maximowiczianum

科　属：	茶藨子科　茶藨子属
别　名：	

扫码了解更多

生　境：生于海拔 1 300m 以上的山坡林下或灌丛中。

分　布：平坊、宝天曼、蚂蚁沟、高庙岭、红寺河等林区。

花期	1	2	3	4	5	6	7	8	9	10	11	12
果期	1	2	3	4	5	6	7	8	9	10	11	12

　　落叶灌木；小枝细，淡褐色，无毛。单叶互生，常 3 裂，先端钝尖，边缘具浅锯齿，表面光滑，背面脉上有短粗毛，中间裂片稍长；叶柄长约 1cm。花雌雄异株；花序直立，花先叶开放；苞片倒披针形，边缘有腺点；雄花极小，淡绿色。浆果球形，红色，无毛；种子 5~8 粒。

狼尾草	科　属：禾本科　狼尾草属
Pennisetum alopecuroides	别　名：

生　境：生于山坡、沟边、路边。

分　布：野獐、猴沟、蚂蚁沟、七里沟等林区。

花期	1	2	3	4	5	6	7	8	9	10	11	12
果期	1	2	3	4	5	6	7	8	9	10	11	12

扫码了解更多

　　多年生草本；秆丛生，花序以下密生柔毛。叶鞘光滑，两侧压扁，主脉呈脊；叶片线形，长 10~80cm，先端长渐尖，基部生疣毛。穗状圆锥花序，主轴密生柔毛，刚毛淡绿色；小穗通常单生，线状披针形；第一颖微小，膜质，先端钝，脉不明显；第二颖具 3~5 条脉。颖果扁平，长圆形。

湖北枫杨

Pterocarya hupehensis

| 科　属： | 胡桃科　枫杨属 |
| 别　名： | |

生　境：生于山谷、河滩。

分　布：大石窑、红寺河、猴沟、京子垛、蚂蚁沟、宝天曼、许窑沟、阎王鼻、银虎沟等林区。

扫码了解更多

花期	1	2	3	4	5	6	7	8	9	10	11	12
果期	1	2	3	4	5	6	7	8	9	10	11	12

　　落叶乔木；冬芽裸出；树皮灰色纵裂。奇数羽状复叶，叶柄无毛，小叶 5~11 枚，纸质，先端尖，基部圆形且稍偏斜，侧脉 12~14 对，叶缘具单锯齿，侧生小叶对生或近于对生。雄花序生于去年生侧枝叶痕腋；雌花序顶生，下垂，绿色。果序长达 30~45cm，果实无毛，果翅阔，椭圆状卵形。

蕙兰	科　属：兰科　兰属
Cymbidium faberi	别　名：

生　境：生长于山坡林下湿地。
分　布：宝天曼、许窑沟、五岈子、猴沟等林区。

花期	1	2	3	4	5	6	7	8	9	10	11	12
果期	1	2	3	4	5	6	7	8	9	10	11	12

扫码了解更多

　　多年生地生草本，具肉质纤维根。叶基生，狭带形，两面无毛。花葶比叶短，常具 3 个节，节上有鞘；总状花序，薄片线状披针形，膜质，花疏离，绿黄色，具香味；花瓣与萼片相似，有紫褐色斑点，3裂。蒴果狭椭圆形。

扫码了解更多

酸枣					科　属：鼠李科　枣属							
Ziziphus jujuba var. *spinosa*					别　名：							
生　境：生于荒山、荒坡、路旁等向阳干燥处。												
分　布：葛条爬、野獐、小湍河等林区。												

花期	1	2	3	4	5	6	7	8	9	10	11	12
果期	1	2	3	4	5	6	7	8	9	10	11	12

　　灌木或小乔木；小枝有针形和向下反曲两种刺。单叶互生，椭圆形至卵状披针形，边缘具细锯齿，基生三出脉；叶柄较短。花两性，绿黄色，2~3 朵簇生叶腋成短聚伞花序，花瓣小于萼裂片。核果小，近球形，红褐色；核两端常钝头。

毛葡萄	科　属：葡萄科　葡萄属
Vitis heyneana	别　名：
生　境：生于山坡灌丛或沟边。	
分　布：各林区。	

扫码了解更多

花期	1	2	3	4	5	6	7	8	9	10	11	12
果期	1	2	3	4	5	6	7	8	9	10	11	12

　　落叶木质藤本；幼枝、叶柄与花序轴密生柔毛。单叶互生，卵形，不分裂或不明显 3 裂，顶端急尖，基部截形，边缘有波状小牙齿，表面几无毛，背面密被茸毛；叶柄较长。圆锥花序长 8~11cm，与叶对生，分枝近平展；花小，淡黄绿色，具细梗，无毛。浆果圆球形，成熟时黑紫色。

蓝果蛇葡萄	科　属：葡萄科　蛇葡萄属
Ampelopsis bodinieri	别　名：

扫码了解更多

生　境：生于山坡灌丛或疏林中。

分　布：大石窑、京子垛、许窑沟、阎王鼻、平坊、红寺河、银虎沟等林区。

花期	1	2	3	4	5	6	7	8	9	10	11	12
果期	1	2	3	4	5	6	7	8	9	10	11	12

　　落叶木质藤本；小枝圆柱形，光滑，幼时带紫红色；卷须2叉分枝。单叶互生，肾状或卵状五角形；小枝上部叶常为三角形，先端短尖，不分裂，边缘具粗圆齿，背面带白色，无毛。聚伞花序有长梗，花黄绿色，花瓣5枚，椭圆形。浆果暗蓝色，直径约1cm。

葛萝槭

科 属：无患子科 槭属	
Acer davidii subsp. *grosseri*	**别 名**：葛罗枫
生 境：生于山坡杂木林中。	
分 布：各林区。	

扫码了解更多

花期	1	2	3	4	5	6	7	8	9	10	11	12
果期	1	2	3	4	5	6	7	8	9	10	11	12

　　落叶乔木；树皮黄色，平滑，有纵条纹；小枝无毛。单叶对生，长椭圆状卵形，不明显3浅裂，先端长尖，基部心脏形，边缘有重锯齿；叶柄长约6cm。总状花序顶生，下垂，花黄绿色；萼片及花瓣各5枚。翅果长约2cm，翅张开成钝角。

青荚叶	科　属：青荚叶科　青荚叶属	
Helwingia japonica	别　名：	

生　境：生于海拔 1 000m 以上的山沟和山坡丛林中。

分　布：七里沟、许窑沟、银虎沟、红寺河、平坊、宝天曼、蚂蚁沟等林区。

花期	1	2	3	4	5	6	7	8	9	10	11	12
果期	1	2	3	4	5	6	7	8	9	10	11	12

　　落叶灌木；小枝圆柱形，具条纹，黄绿色，无毛。单叶互生，纸质，卵形，先端渐尖，边缘具细锯齿，近基有刺状齿，两面均无毛，侧脉 7~8 对。雄花 5~12 朵组成密聚伞花序；雌花具梗，单生或 2~3 朵簇生于叶面中部，花淡绿色。核果近球形，黑色。

一把伞南星	**科 属**：天南星科　天南星属	
Arisaema erubescens	**别 名**：天南星	

生 境：生于海拔 1 000m 左右的山坡、林缘、阴湿山沟中。	
分 布：宝天曼、平坊、红寺河、银虎沟、牧虎顶等林区。	 扫码了解更多

花期	1	2	3	4	5	6	7	8	9	10	11	12
果期	1	2	3	4	5	6	7	8	9	10	11	12

　　多年生草本；块茎扁球形。叶 1 枚，叶柄长 40~80cm，中部以下具鞘，绿色，有时具褐色斑块；叶片放射状分裂，常 1 枚上举，其余放射状平展。花序柄比叶柄短，直立，果时常弯曲；佛焰苞绿色，背面有白色条纹；肉穗花序单生。浆果红色；种子 1~2 粒，球形，淡褐色。

臭常山	科　属：芸香科　臭常山属
Orixa japonica	别　名：日本常山

生　境：生于山坡或山沟灌丛及疏林中。

分　布：野獐、猴沟、蚂蚁沟、七里沟、平坊、宝天曼等林区。

扫码了解更多

花期	1	2	3	4	5	6	7	8	9	10	11	12
果期	1	2	3	4	5	6	7	8	9	10	11	12

　　落叶灌木；枝平滑，暗褐色。单叶互生，纸质，全缘或具细锯齿，表面深绿色，具透明腺点。花单性，雌雄异株，黄绿色；雄花序总状，腋生；萼片4枚，广卵形；花瓣4枚，宽长圆形，膜质，有透明油点。蓇葖果，表面有肋纹；种子黑色，近球形。

宝盖草	科　属：唇形科　野芝麻属
Lamium amplexicaule	别　名：
生　境：生于山坡，山谷草地中。	
分　布：各林区。	

	1	2	3	4	5	6	7	8	9	10	11	12
花期	1	2	3	4	5	6	7	8	9	10	11	12
果期	1	2	3	4	5	6	7	8	9	10	11	12

扫码了解更多

　　一年生草本；茎多紫色，基部有分枝。单叶对生，基生叶心形，边缘具不整齐圆齿，两面被长毛；茎生叶圆形，先端钝，基部无柄，抱茎。轮伞花序腋生，花2~10朵；小苞片披针形，被毛；花萼钟状，外面被毛，3裂；花冠筒状，紫红色，密被柔毛。小坚果三棱形，具疣点。

美丽胡枝子

Lespedeza thunbergii subsp. *formosa*

科　属：豆科　胡枝子属
别　名：

生　境：生于山坡灌丛或疏林中。

分　布：各林区。

扫码了解更多

花期	1	2	3	4	5	6	7	8	9	10	11	12
果期	1	2	3	4	5	6	7	8	9	10	11	12

　　落叶灌木；幼枝有毛。三出复叶，小叶 3 枚，卵形，先端急尖，基部楔形，表面有疏毛，背面密生短柔毛。总状花序腋生，单个或数个排成圆锥状，总花梗密生短柔毛；萼钟状，密生短柔毛；花冠紫红色，旗瓣短于龙骨瓣。荚果卵形，稍偏斜，有锈色短柔毛。

大花野豌豆	科　属：豆科　野豌豆属
Vicia bungei	别　名：

生　境：生于路旁、山坡草地。

分　布：许窑沟、猴沟、银虎沟、宝天曼等林区。

花期	1	2	3	4	5	6	7	8	9	10	11	12
果期	1	2	3	4	5	6	7	8	9	10	11	12

扫码了解更多

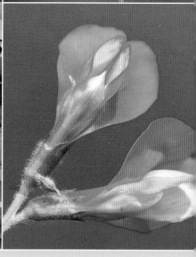

　　一年生草本；茎多分枝，四棱。偶数羽状复叶，小叶 4~10 枚，长圆形，先端截形，具短尖，被面具疏柔毛；托叶半箭头状，一边有齿牙。总状花序腋生，有 2~4 朵花，常较叶长；萼斜钟状，萼齿 5 个，上边 2 齿较短；花冠紫色，旗瓣倒卵状披针形。荚果长圆形，略膨胀。

木香薷	科　属：唇形科　香薷属
Elsholtzia stauntonii	别　名：

生　境：生于海拔 500~1 500m 的山坡、山谷路旁、沟岸、林缘等处。

分　布：白草尖、蚂蚁沟、五岈子、牧虎顶等林区。

扫码了解更多

花期	1	2	3	4	5	6	7	8	9	10	11	12
果期	1	2	3	4	5	6	7	8	9	10	11	12

　　落叶半灌木；茎直立，上部多分枝，密被白色毛。单叶对生，披针形，基部楔形，渐狭下延至叶柄，背面被黄色腺点；叶柄长约 1cm，被白色柔毛。穗状花序稍偏一侧，花萼管状钟形，先端 5 裂，裂片三角形；花冠紫红色，外面被白毛，先端散生黄色腺点。小坚果椭圆形，无毛。

香薷	科　属：唇形科　香薷属
Elsholtzia ciliata	别　名：

生　境：生于海拔 500m 以上的山坡、沟岸、路旁。

分　布：各林区。

	1	2	3	4	5	6	7	8	9	10	11	12
花期	1	2	3	4	5	6	7	8	9	10	11	12
果期	1	2	3	4	5	6	7	8	9	10	11	12

扫码了解更多

　　一年生草本；茎自中部以上分枝。单叶对生，卵形，先端渐尖，基部楔形下延成狭翅，边缘具锯齿，表面疏生硬毛，背面有橙黄色腺点；叶柄长约 2cm。轮伞花序聚集于茎顶或侧枝端，呈偏向一侧的穗状花序；花冠蓝紫色，较花萼长 3 倍，外面被短毛。小坚果长圆形，黄棕色，光滑。

风轮菜

Clinopodium chinense

科 属：	唇形科 风轮菜属
别 名：	

扫码了解更多

生 境： 生于海拔1 000m以下的山坡、草丛、路旁、沟边、灌丛、林下。

分 布： 大石窑、京子垛、平坊、宝天曼、银虎沟、万沟、蚂蚁沟等林区。

花期	1	2	3	4	5	6	7	8	9	10	11	12
果期	1	2	3	4	5	6	7	8	9	10	11	12

多年生草本；茎基部匍匐生根，上部多分枝，密被柔毛。单叶对生，卵圆形，先端急尖，基部圆形，边缘具圆齿状锯齿，坚纸质，两面均被毛，侧脉5~7对。轮伞花序多花，半球形；花萼筒状，常染紫红色；花冠紫红色，上唇直伸，下唇3裂。小坚果倒卵形，黄褐色。

夏枯草	科　属：唇形科　夏枯草属
Prunella vulgaris	别　名：
生　境：生于山坡路旁、草地及沟溪边潮湿处。	
分　布：各林区。	

扫码了解更多

花期	1	2	3	4	5	6	7	8	9	10	11	12
果期	1	2	3	4	5	6	7	8	9	10	11	12

　　多年生草本；根茎匍匐，节上生根；茎多基部分枝，四棱形。单叶对生，卵状长圆形，先端钝尖，全缘，两面均无毛。轮伞花序密集排列成假穗状花序，苞片大，宽心形，花萼钟状；花冠蓝紫色，内面基部有短毛，上唇近圆形，下唇3裂。小坚果长圆状卵形，黄褐色，无毛。

荔枝草	科　属：唇形科　鼠尾草属		
Salvia plebeia	别　名：蛤蟆皮		
生　境：生于荒地、山坡、山沟、路旁等处。			
分　布：各林区。			

花期	1	2	3	4	5	6	7	8	9	10	11	12
果期	1	2	3	4	5	6	7	8	9	10	11	12

扫码了解更多

　　二年生草本；茎直立，有分枝，密被白色短硬毛。叶对生，卵形，边缘具圆锯齿，表面有皱纹，两面密被短硬毛；叶柄长约2cm，上部叶近无柄。轮伞花序，具4~6朵花，聚集成总状花序；总花梗密被白色柔毛，花萼钟形，花冠紫色。小坚果卵形，褐色，光滑无毛。

藜芦		科　属：藜芦科　藜芦属			
Veratrum nigrum		别　名：			

生　境：生于海拔 1 200m 以上的山坡林下或草丛中。

分　布：各林区。

花期	1	2	3	4	5	6	7	8	9	10	11	12
果期	1	2	3	4	5	6	7	8	9	10	11	12

扫码了解更多

　　多年生草本；茎直立，下部叶为叶鞘残存纤维所包被。单叶互生，全缘，具弧形脉；下部叶长椭圆形，先端锐尖，有细长叶鞘，无毛；上部叶披针形，叶鞘较短。苞片披针形，小苞片与花梗等长；花序圆锥状，被茸毛；花暗紫红色，花被片长圆形。蒴果，顶端开裂。

葛	科　属：豆科　葛属
Pueraria montana var. *lobata*	别　名：
生　境：生于山坡、路边及疏林中。	
分　布：各林区。	

扫码了解更多

花期	1	2	3	4	5	6	7	8	9	10	11	12
果期	1	2	3	4	5	6	7	8	9	10	11	12

　　落叶粗壮藤本；全株被黄色长硬毛。羽状复叶，3 枚小叶，小叶 3 裂，顶生小叶宽卵形，侧生小叶斜卵形，两面均被毛；小叶柄被黄褐色茸毛。总状花序腋生，密生多花；苞片早落，花冠蝶形，紫红色，旗瓣圆形。荚果线形，扁平，密生黄色长硬毛。

笐子梢

Campylotropis macrocarpa

科　属：豆科　笐子梢属
别　名：杭子梢

生　境：生于山坡、沟边、林缘或疏林中。

分　布：各林区。

扫码了解更多

花期	1	2	3	4	5	6	7	8	9	10	11	12
果期	1	2	3	4	5	6	7	8	9	10	11	12

　　落叶灌木；幼枝密生白色短柔毛。小叶3枚，顶生小叶长圆形，先端圆，有短尖，基部圆形，表面无毛，背面有淡黄色柔毛，侧生小叶较小。总状花序腋生，或集生成顶生圆锥花序；花冠紫色，旗瓣和龙骨瓣长约1cm，翼瓣稍长。荚果斜椭圆形，膜质，具明显网脉。

两型豆	科　属：豆科　两型豆属
Amphicarpaea edgeworthii	别　名：
生　境：生于山沟草丛及林缘中。	
分　布：银虎沟、红寺河、南阴坡、万沟等林区。	

花期	1	2	3	4	5	6	7	8	9	10	11	12
果期	1	2	3	4	5	6	7	8	9	10	11	12

扫码了解更多

　　一年生缠绕藤本；茎纤细，多分枝。羽状3枚小叶，菱状卵形，先端急尖，基部圆形，两面均被毛；托叶卵圆形。花二型，上部花序总状，腋生；有花瓣，淡紫色或白色；下部花无花瓣，仅有数个离生雄蕊。有花瓣的荚果革质，长圆形，扁平，有毛；无花瓣的荚果肉质。

湖北紫荆	科　属：豆科　紫荆属
Cercis glabra	别　名：乌桑树

生　境：生于海拔 1 500m 以下的山沟杂木林中。
分　布：京子垛、宝天曼林区。

花期	1	2	3	4	5	6	7	8	9	10	11	12
果期	1	2	3	4	5	6	7	8	9	10	11	12

扫码了解更多

　　落叶乔木；树皮和小枝深灰色。单叶互生，叶较大，纸质，心形，幼时常呈紫红色，成长后绿色，掌状七出脉；叶柄较长。总状花序短缩，花多数，花紫色，先于叶开放，花梗细长。荚果带状，两端尖，常为紫色，背缝向外弯拱，沿腹缝线有狭翅；种子 3~8 粒，近圆形，稍扁。

紫藤	科　属：豆科　紫藤属
Wisteria sinensis	别　名：

生　境：生于低山区草地及灌丛。

分　布：各林区。

花期	1	2	3	4	5	6	7	8	9	10	11	12
果期	1	2	3	4	5	6	7	8	9	10	11	12

扫码了解更多

　　落叶藤本；小枝幼时具短柔毛。奇数羽状复叶，小叶 7~13 枚，卵形，先端渐尖，基部圆形；叶轴疏生柔毛，小叶柄密生短柔毛。总状花序侧生，下垂；萼钟形，花冠紫色，旗瓣内面近基部有 2 个胼胝体状附属物。荚果扁，密生黄色茸毛；种子扁圆形。

丁香杜鹃	**科 属**：杜鹃花科 杜鹃花属
Rhododendron farrerae	**别 名**：满山红

生 境：生于海拔 1 000m 以上的山坡、山谷林下或灌丛中。

分 布：各林区。

扫码了解更多

花期	1	2	3	4	5	6	7	8	9	10	11	12
果期	1	2	3	4	5	6	7	8	9	10	11	12

　　落叶灌木；老枝灰色，无毛。叶 2~3 枚轮生，膜质，卵形，先端短渐尖，基部圆形，幼时背面淡绿色，被长硬毛，后无毛。花顶生枝端，先叶开放，有花 1~3 朵，花梗有硬毛；花萼小，5 裂，被长刚毛；花冠漏斗状，淡紫色，上方有红色斑点。蒴果圆柱形，不弯曲，密被长刚毛。

紫花地丁	科　属：堇菜科　堇菜属
Viola philippica	别　名：

生　境：生于沟边、山坡草地、灌丛和林缘。

分　布：七里沟、野獐、万沟、蚂蚁沟、葛条爬等林区。

花期	1	2	3	4	5	6	7	8	9	10	11	12
果期	1	2	3	4	5	6	7	8	9	10	11	12

扫码了解更多

　　多年生草本；根茎稍粗，垂直。叶基生，舌形，先端常钝，基部截形，边缘具圆锯齿，两面具短毛，果期叶和叶柄均较长。花梗超出叶，苞片生于花梗中部，萼片披针形，边缘膜质；花瓣紫色，倒卵形，侧瓣无须毛；距细，末端向上弯曲。蒴果长圆形，无毛。

七星莲	科　属：堇菜科　堇菜属
Viola diffusa	别　名：蔓茎堇菜

生　境：生于山沟溪旁、林下湿地。

分　布：牡丹岭、银虎沟等林区。

花期	1	2	3	4	5	6	7	8	9	10	11	12
果期	1	2	3	4	5	6	7	8	9	10	11	12

扫码了解更多

　　多年生草本；地下茎短。基生叶和匍匐茎多数，较短，被柔毛；基生叶具长柄，卵形，较小，边缘有细钝齿，被白色长柔毛；匍匐茎上的叶常聚生顶端，托叶有睫毛状齿。花小，两侧对称，萼片5枚，披针形；花瓣5枚，淡紫色或白色。果实椭圆形，无毛。

深山堇菜	科　属：堇菜科　堇菜属	
Viola selkirkii	别　名：	
生　境：生于海拔 1 000m 以上的山谷林下、草地、 　　　　灌丛中。		
分　布：许窑沟、宝天曼、七里沟、平坊、五岈子、 　　　　大块地等林区。		扫码了解更多

花期	1	2	3	4	5	6	7	8	9	10	11	12
果期	1	2	3	4	5	6	7	8	9	10	11	12

　　多年生草本；根茎细，根白色。叶基生，近圆形，果期较大，先端锐尖，基部深心形，边缘有钝锯齿，表面具短毛；叶柄具狭翅，果期变长；托叶卵形。花淡紫色，具长梗；小苞片线形，边缘疏生细齿；花瓣倒卵形，距较粗。蒴果较小，卵状椭圆形。

小山飘风	科　属：景天科　景天属
Sedum filipes	别　名：

生　境：生于林下阴湿处。

分　布：银虎沟、万沟、蚂蚁沟、宝天曼、平坊等林区。

扫码了解更多

花期	1	2	3	4	5	6	7	8	9	10	11	12
果期	1	2	3	4	5	6	7	8	9	10	11	12

　　一或二年生草本；全株无毛，茎常分枝。单叶对生或3~4枚轮生，宽卵形，先端圆，基部急狭，全缘，有柄。伞房状花序；萼片5枚，披针状三角形；花瓣5枚，紫色，卵状长圆形，基部连合，先端钝；雄蕊10个，2轮。蓇葖果有多数种子，种子倒卵形，平滑。

大丁草	科　属：菊科　大丁草属			
Leibnitzia anandria	别　名：			

扫码了解更多

生　境：生于海拔 1 500m 以下的山坡路边、林边、草地。

分　布：宝天曼、许窑沟、猴沟、红寺河、京子垛、牡丹岭等林区。

花期	1	2	3	4	5	6	7	8	9	10	11	12
果期	1	2	3	4	5	6	7	8	9	10	11	12

多年生草本；有春秋两型。叶薄纸质，上部叶宽卵形，中部以下提琴羽状分裂，先端钝，边缘具圆波状齿；春型叶较小，表面被白色绵毛；秋型叶较大，两面疏被绵毛。花茎 1~3 枚，头状花序顶生，总苞片 3 层；春型舌状花紫色，先端 2 浅裂；秋型株仅具筒状花。果实纺锤形，冠毛白色。

风毛菊	**科　属：** 菊科　风毛菊属
Saussurea japonica	**别　名：**

生　境： 生于海拔 300m 以上的山坡草地、沟溪路边、灌丛中。

分　布： 葛条爬、红寺河、宝天曼、大石窑、平坊等林区。

花期	1	2	3	4	5	6	7	8	9	10	11	12
果期	1	2	3	4	5	6	7	8	9	10	11	12

扫码了解更多

　　二年生草本；茎直立，粗壮，具翅，被腺点和疏毛。基部和下部叶长圆形，羽状深裂，顶生裂片披针形；侧生裂片 6~8 对，狭长圆形，两面被腺点和长柔毛；上部叶近无柄，椭圆形。头状花序多数，排列成伞房状，总苞片 6 层，花冠紫红色。果实长椭圆形，棕色；冠毛 2 层，浅棕色。

烟管蓟	科 属：菊科 蓟属
Cirsium pendulum	别 名：

生 境：生于海拔 1 700m 以上的山坡草地。

分 布：猴沟、平坊、许窑沟、银虎沟、宝天曼等林区。

扫码了解更多

花期	1	2	3	4	5	6	7	8	9	10	11	12
果期	1	2	3	4	5	6	7	8	9	10	11	12

　　二年生或多年生草本；茎直立，上部分枝，被丝状毛。基生叶和茎下部叶在花期枯萎，宽椭圆形，羽状深裂，裂片上侧边缘具长尖齿；中部叶渐小。头状花序单生于枝端，花序梗下垂；总苞片多层，外层短而外反；花紫色，筒部细长，丝状。瘦果矩圆形，稍扁；冠毛灰白色，羽状。

泥胡菜		科　属：菊科　泥胡菜属										
Hemisteptia lyrata		别　名：										
生　境：生于山坡、路边、水旁。												
分　布：各林区。												

花期	1	2	3	4	5	6	7	8	9	10	11	12
果期	1	2	3	4	5	6	7	8	9	10	11	12

扫码了解更多

　　二年生草本；茎直立，无毛。基生叶莲座状，具柄，倒披针形，提琴羽状分裂，顶生裂片三角形，侧生裂片 7~8 对，背面灰白色；中部叶无柄，羽状分裂；上部叶线状披针形。头状花序多数；总苞球状；总苞片 5~8 层；花紫色。果实圆柱形，具 5 条纵肋；冠毛白色，羽状。

兔儿伞	科　属：菊科　兔儿伞属
Syneilesis aconitifolia	别　名：
生　境：生于海拔 750m 以上的山坡草地、灌丛及林下。	
分　布：各林区。	

扫码了解更多

花期	1	2	3	4	5	6	7	8	9	10	11	12
果期	1	2	3	4	5	6	7	8	9	10	11	12

　　多年生草本；根茎短，横生；茎单生，具纵肋，无毛。中部叶较下部 2 片较大，圆盾形，掌状深裂，裂片 7~9 枚，每裂片再 2~3 深裂，小裂片边缘具不规则锐齿；叶柄长 13cm 左右，基部抱茎。头状花序多数，排列成复伞房状；筒状花紫红色，檐部 5 裂。果实冠毛灰白色或淡红色。

紫色花

马兰	科 属：菊科 紫菀属
Aster indicus	别 名：
生 境：生于山坡草地、林缘、山谷、山沟、路旁等处。	
分 布：各林区。	

扫码了解更多

花期	1	2	3	4	5	6	7	8	9	10	11	12
果期	1	2	3	4	5	6	7	8	9	10	11	12

　　多年生草本；茎直立，有分枝。单叶互生，质薄，倒披针形，先端钝，基部渐狭无柄，边缘有疏齿或羽状浅裂；上部叶小，全缘。头状花序单生枝顶，总苞片 2~3 层，倒披针形，上部草质，边缘膜质。舌状花 1 层，舌片淡紫色。瘦果矩圆形，极扁，褐色。

全叶马兰	科　属：菊科　紫菀属	
Aster pekinensis	别　名：	

生　境：生于山坡草地、林缘、山谷、河岸、路边等处。

分　布：猴沟、大块地、许窑沟、宝天曼、葛条爬、五岈子等林区。

扫码了解更多

花期	1	2	3	4	5	6	7	8	9	10	11	12
果期	1	2	3	4	5	6	7	8	9	10	11	12

　　多年生草本；茎直立，帚状分枝。单叶互生，密集，线状披针形，先端钝，基部渐狭无柄，全缘，两面密被粉状短毛。头状花序，单生枝顶排列成疏伞房状；总苞片3层，上部草质，有短粗毛和腺点；舌状花1层，舌片淡紫色。瘦果倒卵形，扁平，浅褐色；冠毛易脱落。

三脉紫菀

三脉紫菀	科　属：菊科　紫菀属
Aster ageratoides	别　名：

生　境：生于山坡、草地、灌丛、林缘或疏林中。

分　布：五岈子、大块地、南阴坡、宝天曼等林区。

花期	1	2	3	4	5	6	7	8	9	10	11	12
果期	1	2	3	4	5	6	7	8	9	10	11	12

扫码了解更多

　　多年生草本；茎直立，具毛。下部叶宽卵形，急狭成长柄，花期枯落；中部叶椭圆形，基部楔形，边缘有3~7个锯齿；上部叶渐小，两面均被毛，离基三出脉。头状花序排列成伞房状，总苞片3层，覆瓦状排列；舌状花多个，舌片紫色；管状花黄色。瘦果倒卵形，灰褐色。

水珠草	科　属：柳叶菜科　露珠草属
Circaea canadensis subsp. *quadrisulcata*	别　名：露珠草
生　境：生于林下、灌丛及山沟河边。	
分　布：大石窑、宝天曼、京子垛、平坊等林区。	

扫码了解更多

花期	1	2	3	4	5	6	7	8	9	10	11	12
果期	1	2	3	4	5	6	7	8	9	10	11	12

　　多年生草本；茎直立，常无毛。叶对生，狭卵形，质薄，边缘具不明显锯齿；叶柄较长，近无毛。总状花序顶生或腋生，花后伸长；花梗果期伸长，下垂；萼片2枚，卵形，紫红色，疏生腺毛；花瓣深凹缺，白色，较萼片短。果实倒卵形，黑褐色，密被橙黄色钩状毛。

牡荆		科　属：唇形科　牡荆属
Vitex negundo var. *cannabifolia*		别　名：
生　境：生于低山的路旁、山坡、河岸及灌丛中。		
分　布：红寺河、圣垛山、野獐、南阴坡等林区。		

花期	1	2	3	4	5	6	7	8	9	10	11	12
果期	1	2	3	4	5	6	7	8	9	10	11	12

扫码了解更多

　　落叶灌木或小乔木；小枝四棱形，密生茸毛。掌状复叶，小叶5枚，小叶长圆状披针形，顶端渐尖，叶缘有粗锯齿，背面淡绿色，常被柔毛；中间小叶有柄，最外侧两小叶常无柄。聚伞花序排成圆锥状，花萼5裂；花冠紫色，二唇形。核果近球形，萼宿存。

老鸦糊	科　属：唇形科　紫珠属
Callicarpa giraldii	别　名：
生　境：生于疏林、沟谷及山坡灌丛中。	
分　布：各林区。	

花期	1	2	3	4	5	6	7	8	9	10	11	12
果期	1	2	3	4	5	6	7	8	9	10	11	12

扫码了解更多

　　落叶灌木；小枝圆柱形，灰黄色，被星状毛。单叶对生，宽椭圆形，顶端渐尖，基部楔形，边缘有锯齿，背面被星状毛和黄色腺点，侧脉 8~10 对。聚伞花序 4~5 次分枝，被毛；花萼钟状；花冠紫色，具黄色腺点。果实初时被毛，熟时无毛，紫色。

细辛	科　属：马兜铃科　细辛属
Asarum heterotropoides	别　名：
生　境：生于山谷林下阴湿处。	
分　布：平坊、蚂蚁沟、宝天曼、牡丹岭、万沟等林区。	

花期	1	2	3	4	5	6	7	8	9	10	11	12
果期	1	2	3	4	5	6	7	8	9	10	11	12

扫码了解更多

　　多年生草本；根茎短，具多数肉质根。茎端生叶 2~3 枚，叶心脏形，先端短锐尖，基部深心脏形，两面疏生短柔毛；叶柄长约 15cm，无毛。单花顶生；花被筒壶形，紫褐色，顶端 3 裂，裂片向外反卷，宽卵形。蒴果肉质，半球形。

还亮草	科　属：毛茛科　翠雀属	
Delphinium anthriscifolium	别　名：	

生　境：生于林缘、山坡草地或灌丛中。

分　布：葛条爬、七里沟、牡丹岭、银虎沟、宝天曼、
　　　　猴沟、万沟等林区。

花期	1	2	3	4	5	6	7	8	9	10	11	12
果期	1	2	3	4	5	6	7	8	9	10	11	12

　　一年生草本；茎直立，无毛，分枝。叶为两至三回羽状全裂，近基部叶在开花时常枯萎；叶片菱状卵形，羽片 2~4 对，对生，下部羽片有细柄。总状花序具 2~15 朵花，轴和花梗被反曲的短柔毛；萼片 5 枚，堇色，椭圆形，外面疏被短柔毛；花瓣 2 枚，紫色，无毛。蓇葖果；种子扁球形。

河南翠雀花	科　属：毛茛科　翠雀属
Delphinium honanense	别　名：

生　境：生于山谷或山坡林下阴湿处。

分　布：野獐、猴沟、蚂蚁沟、七里沟等林区。

花期	1	2	3	4	5	6	7	8	9	10	11	12
果期	1	2	3	4	5	6	7	8	9	10	11	12

扫码了解更多

　　多年生草本；茎不分枝，有纵棱，光滑无毛。基生叶花期枯萎，茎中下部叶具长柄，五角形，基部心脏形，3~5深裂，表面疏生粗硬毛；茎上部叶较小。总状花序具 10 朵花；苞片 3 裂，小苞片 2 深裂，具卷曲毛和腺毛；花紫色，萼片长圆形。蓇葖果。

华北耧斗菜	科 属：毛茛科 耧斗菜属
Aquilegia yabeana	别 名：
生 境：生于山坡草地、山沟、溪旁、林缘等处。	
分 布：各林区。	

扫码了解更多

花期	1	2	3	4	5	6	7	8	9	10	11	12
果期	1	2	3	4	5	6	7	8	9	10	11	12

　　多年生草本；茎上部密生短腺毛。基生叶具长柄，为一至二回三出复叶，小叶菱状倒卵形，3 裂，表面无毛，背面疏生短柔毛；茎生叶较小。花下垂，萼片 5 枚，紫色，狭卵形；花瓣与萼片同色，顶端截形，距向内弯曲。蓇葖果；种子黑色，光滑。

三叶木通		科　属：木通科　木通属										
Akebia trifoliata		别　名：八月炸										
生　境：生于山坡林中或灌丛中。												
分　布：各林区。												

花期	1	2	3	4	5	6	7	8	9	10	11	12
果期	1	2	3	4	5	6	7	8	9	10	11	12

扫码了解更多

　　落叶木质藤本；枝有长、短之分，无毛。掌状复叶，小叶 3 枚，卵圆形，先端钝圆，基部圆形，边缘浅裂，侧脉 5~6 对。总状花序腋生，雄花生于上部，雌花生于下部；萼片紫色，花瓣状，具 6 个退化雄蕊。果肉质，长卵形，成熟后沿腹缝线开裂；种子多数，卵形，黑色。

| **木通** | 科 属：木通科 木通属 |
| *Akebia quinata* | 别 名： |
| 生 境：生于山坡或疏林中。 |
| 分 布：红寺河、圣垛山、野獐、南阴坡等林区。 |

| 花期 | 1 | 2 | 3 | 4 | 5 | 6 | 7 | 8 | 9 | 10 | 11 | 12 |
| 果期 | 1 | 2 | 3 | 4 | 5 | 6 | 7 | 8 | 9 | 10 | 11 | 12 |

落叶木质藤本；茎纤细，缠绕，有皮孔。掌状复叶互生或在短枝上的簇生，小叶 5 枚，倒卵形，先端圆而中间微凹，并有一细尖，全缘，表面深绿色，背面带白色，无毛。雌花暗紫色，雄花紫红色，较小。浆果椭圆形，暗紫色，熟时纵裂；种子黑色。

巧玲花	科　属：木樨科　丁香属
Syringa pubescens	别　名：

生　境：	生于山坡杂木林中或沟谷河岸旁。
分　布：	宝天曼、蚂蚁沟、七里沟、高庙岭、牡丹岭、平坊等林区。

扫码了解更多

花期	1	2	3	4	5	6	7	8	9	10	11	12
果期	1	2	3	4	5	6	7	8	9	10	11	12

　　落叶灌木；小枝细长，4 条棱。单叶对生，卵圆形，先端短渐尖，边缘有细毛，背面被短柔毛，叶脉 3~5 对；叶柄长约 1cm，有柔毛。圆锥花序直立，常侧生，紧密，无毛；花冠紫色，后渐近白色，有香气。果常为长椭圆形，先端钝，有疣状突起。

蜡枝槭

Acer ceriferum

科　属：无患子科　槭属

别　名：杈叶槭

生　境：生于海拔1 200m以上的山谷或山坡杂木林中。

分　布：各林区。

扫码了解更多

花期	1	2	3	4	5	6	7	8	9	10	11	12
果期	1	2	3	4	5	6	7	8	9	10	11	12

　　落叶乔木；小枝青褐色，无毛。单叶对生，膜质，掌状7~9裂，基部心脏形，裂片卵形，先端尾状渐尖，边缘有尖锐重锯齿，背面脉腋有白色簇毛；叶柄细长。伞房状花序顶生，萼片紫色，长椭圆形；花瓣绿色，阔倒卵形。翅果，紫色，翅张开成钝角。

野海茄	科　属：茄科　茄属
Solanum japonense	别　名：

生　境：生于海拔 600m 以上的山谷、荒坡、路边和疏林下。

分　布：宝天曼、平坊、银虎沟、万沟、蚂蚁沟等林区。

花期	1	2	3	4	5	6	7	8	9	10	11	12
果期	1	2	3	4	5	6	7	8	9	10	11	12

扫码了解更多

　　多年生草质藤本；枝细长。单叶互生，三角状宽披针形，顶端长渐尖，基部圆形；叶柄长 2cm 左右。聚伞花序顶生或腋生，总花梗近无毛，花萼浅杯状，5 裂，萼齿三角形；花冠紫色，基部有 5 个绿色斑点，5 深裂，裂片披针形。浆果球形，熟后红色；种子肾形。

二翅糯米条	科　属：忍冬科　糯米条属
Abelia macrotera	别　名：

生　境：生于阴坡杂木林、沟谷、溪旁。

分　布：宝天曼、许窑沟、猴沟、红寺河等林区。

花期	1	2	3	4	5	6	7	8	9	10	11	12
果期	1	2	3	4	5	6	7	8	9	10	11	12

扫码了解更多

　　落叶灌木；幼枝红褐色，光滑。单叶对生，卵形，顶端渐尖，边缘具疏齿及睫毛，背面中脉及侧脉基部密生白柔毛。聚伞花序，花多数，生于小枝顶端或上部叶腋；花大，苞片红色，披针形；花冠紫红色，漏斗状，外面被短柔毛，裂片5枚。果实被短柔毛，冠以2枚宿存萼裂片。

芫花	科　属：瑞香科　瑞香属
Daphne genkwa	别　名：
生　境：生于山坡、山谷路旁。	
分　布：葛条爬、牛心垛、五岈子、银虎沟、野獐、猴沟、蚂蚁沟、七里沟等林区。	

扫码了解更多

花期	1	2	3	4	5	6	7	8	9	10	11	12
果期	1	2	3	4	5	6	7	8	9	10	11	12

　　落叶灌木；枝细长，幼枝密被绢状毛。单叶对生，纸质，椭圆状长圆形，先端尖，基部楔形，全缘，背面被淡黄色绢毛；叶柄短，被绢毛。花先叶开放，淡紫色，3~7 朵成簇腋生；花被筒状，裂片 4 枚，雄蕊 8 个。核果白色，卵状长圆形。

花旗杆		科　属：十字花科　花旗杆属
Dontostemon dentatus		别　名：
生　境：生于山坡草地和灌丛。		
分　布：蚂蚁沟、白草尖、红寺河、银虎沟、老山门 等林区。		

扫码了解更多

花期	1	2	3	4	5	6	7	8	9	10	11	12
果期	1	2	3	4	5	6	7	8	9	10	11	12

　　二年生草本；茎上部有分枝，被白色长毛。叶披针形，先端急尖，基部渐狭，两面被疏长毛；下部叶具柄，上部叶无柄。总状花序顶生及腋生；花紫色；萼片具白色膜质边缘，外面2枚较狭。长角果线形，无毛，果瓣有3条脉纹；种子卵形，扁平，淡褐色，稍有翅。

大叶碎米荠	科　属：十字花科　碎米荠属
Cardamine macrophylla	别　名：

生　境：	生于海拔 1 000m 以上的山谷或山坡林下阴湿处。

分　布：	各林区。

扫码了解更多

花期	1	2	3	4	5	6	7	8	9	10	11	12
果期	1	2	3	4	5	6	7	8	9	10	11	12

　　多年生草本；茎直立，圆柱形，有纵条纹，被疏毛。奇数羽状复叶，小叶 3~13 枚，长圆形，先端钝尖，基部圆形，边缘具锯齿，被疏柔毛。总状花序顶生或腋生，萼片卵形，绿色或淡紫色；花瓣淡紫色，圆形，下部渐狭成爪。长角果稍扁平，无毛，开裂，隔膜不透明；种子暗褐色。

象南星	科　属：天南星科　天南星属
Arisaema elephas	别　名：

生　境：	生于海拔 1 000m 以上的山沟林下、溪旁。
分　布：	蚂蚁沟、白草尖、红寺河、银虎沟、宝天曼、平坊等林区。

花期	1	2	3	4	5	6	7	8	9	10	11	12
果期	1	2	3	4	5	6	7	8	9	10	11	12

　　多年生草本；块茎近球形。鳞叶 3~4 枚，绿色或紫色；叶 1 枚，叶柄长 25cm，黄绿色，基部粗，无鞘；叶片 3 全裂，裂片具短柄，中心裂片具正三角形的尖头；侧裂片较大，宽斜卵形。花序柄粗长，淡紫色，佛焰苞青紫色，管部具白色条纹。浆果砖红色，椭圆形；种子卵形，褐色，具喙。

石枣子	科　属：卫矛科　卫矛属
Euonymus sanguineus	别　名：
生　境：生于山坡杂木林中。	
分　布：各林区。	

扫码了解更多

花期	1	2	3	4	5	6	7	8	9	10	11	12
果期	1	2	3	4	5	6	7	8	9	10	11	12

　　落叶灌木或小乔木；小枝圆柱形，光滑，无翅。单叶对生，幼时带红色，阔椭圆形，先端渐尖，边缘具细密尖锯齿，背面灰绿色，网脉明显。聚伞花序疏松，花多数，总花梗细长；花淡紫色，4 数；花盘方形。蒴果扁球形，4 条棱；种子有红色假种皮。

疣点卫矛	科　属：卫矛科　卫矛属	
Euonymus verrucosoides	别　名：	

生　境：生于山坡灌丛或疏林中。

分　布：平坊、宝天曼、银洞尖、红寺河、圣垛山、野獐、南阴坡等林区。

扫码了解更多

花期	1	2	3	4	5	6	7	8	9	10	11	12
果期	1	2	3	4	5	6	7	8	9	10	11	12

　　落叶灌木；小枝黄绿色，具黑色瘤状突起，无翅。单叶对生，倒卵形，先端尖，光滑，边缘有细锯齿；叶柄较短。聚伞花序有3~5朵花，花梗细长；花紫色，4数；雄蕊的花丝细长，紧贴子房；花盘肥厚。蒴果，紫褐色；每裂瓣有1~2粒种子，紫黑色，有红色假种皮。

山罗花	科　属：列当科　山罗花属
Melampyrum roseum	别　名：

生　境：生于山坡灌丛或草丛中。

分　布：各林区。

花期	1	2	3	4	5	6	7	8	9	10	11	12
果期	1	2	3	4	5	6	7	8	9	10	11	12

扫码了解更多

　　一年生草本；全株疏被鳞片状短毛；茎多分枝。单叶对生，披针形，顶端渐尖，基部楔形，全缘；叶柄较短。总状花序顶生，下部苞片与叶同形，全缘，紫红色或绿色；花紫红色，上唇风帽状，2裂，裂片反卷，下唇3裂。蒴果卵状，渐尖，被鳞片状毛；种子2~4粒，黑色。

楸叶泡桐	科　属：泡桐科　泡桐属
Paulownia catalpifolia	别　名：
生　境：生于山坡、林地、路旁。	
分　布：红寺河、圣垛山、野獐、南阴坡等林区。	

扫码了解更多

花期	1	2	3	4	5	6	7	8	9	10	11	12
果期	1	2	3	4	5	6	7	8	9	10	11	12

　　落叶乔木；树冠高大圆锥形。单叶对生，似楸树叶，卵形，先端长渐尖，基部心形，全缘，表面无毛，背面密被灰白色星状毛；叶柄长 10~18cm。圆锥花序，金字塔形，小聚伞花序有明显的总花梗；花萼浅钟形，浅裂；花冠紫色，较细，内面有深紫色斑点。蒴果椭圆形。

刻叶紫堇	科　属：罂粟科　紫堇属		
Corydalis incisa	别　名：		
生　境：生于沟边等潮湿处。			
分　布：宝天曼、平坊、牡丹岭、银虎沟、猴沟、大块地、许窑沟等林区。			

扫码了解更多

花期	1	2	3	4	5	6	7	8	9	10	11	12
果期	1	2	3	4	5	6	7	8	9	10	11	12

　　多年生草本；块茎狭椭圆形，密生须根。叶三角形，或三回羽状全裂；一回裂片2~3对，具柄；二至三回裂片缺刻状分裂；基生叶柄较长，茎生叶柄较短。总状花序，苞片一至二回羽状深裂；萼片小，花瓣紫红色，下面花瓣稍呈囊状。蒴果椭圆状线形；种子黑色，光亮。

紫堇	科 属：罂粟科 紫堇属
Corydalis edulis	别 名：
生 境：生于沟溪、荒地等阴湿处。	
分 布：七里沟、银虎沟、红寺河、葛条爬、宝天曼、许窑沟等林区。	

扫码了解更多

花期	1	2	3	4	5	6	7	8	9	10	11	12
果期	1	2	3	4	5	6	7	8	9	10	11	12

　　一年生草本；具细长直根；茎下部常分枝，全株无毛。基生叶和茎生叶有柄；叶三角形，二或三回羽状全裂，一回裂片 2~3 对，二或三回裂片倒卵形，近羽状分裂。总状花序稍长，苞片卵形，全缘；萼片小，花紫色。蒴果线形；种子黑色，扁球形，密生小凹点。

瓜子金	科　属：远志科　远志属
Polygala japonica	别　名：

生　境：生于山坡草地或灌丛中。
分　布：大石窑、葛条爬、阎王鼻、猴沟、蚂蚁沟、七里沟等林区。

扫码了解更多

花期	1	2	3	4	5	6	7	8	9	10	11	12
果期	1	2	3	4	5	6	7	8	9	10	11	12

　　多年生草本；茎由基部发出散枝。单叶互生，卵形，先端尖。总状花序腋生，最上一个花序低于茎的顶端；花蓝紫色，萼片5枚，外轮3枚小，内轮2枚大；花瓣3枚，两侧花瓣下部与花丝鞘贴生。蒴果，周围有较宽的翅，无睫毛。

中文名称索引

拉丁学名索引

W

Y

Z